Heidelberger Taschenbücher Band 108

F. W. Schäfke · D. Schmidt

Gewöhnliche Differentialgleichungen

Die Grundlagen der Theorie im Reellen und Komplexen

Springer-Verlag
Berlin · Heidelberg · New York · 1973

Prof. Dr. Friedrich Wilhelm Schäfke
Dr. Dieter Schmidt
Fachbereich Mathematik
Universität Konstanz

AMS Subject Classifications (1970) 34-01

ISBN-13:978-3-540-05865-6 e-ISBN-13:978-3-642-65412-1
DOI: 10.1007/978-3-642-65412-1

Library of Congress Catalog Card Number 72-82765.

Satz: Keter Publishing House Ltd., Jerusalem

Vorwort

Das vorliegende kleine Buch ist aus Vorlesungen und Übungen entstanden, die wir durch viele Jahre hindurch in Köln und, soweit möglich, in Berlin gehalten haben. Es wendet sich vornehmlich an Studierende mittlerer Semester und ist als ein Kompendium neben der Vorlesung oder zum Selbststudium gedacht.

Wir wollten dem Leser die Grundlagen des Gebiets weitervermitteln, die wir aus eigener wissenschaftlicher Arbeit als wesentlich empfinden. Besonderen Wert haben wir auf eine abgerundete, klare, moderne Darstellung gelegt, die weitgehend funktionalanalytische Auffassungen verwendet. Wir hoffen, daß wir so diesem Gebiet, das oft mathematisch-ästhetisch als „schrecklich" bezeichnet wird, neue Freunde gewinnen können.

Der Kenner wird an manchen Stellen neue Resultate finden, so insbesondere im Rahmen der Eindeutigkeitssätze und in der Theorie der einfachen Singularitäten.

Konstanz, im Januar 1973 — Die Verfasser

Inhaltsverzeichnis

0 Einleitung

Es sei

$$\Phi : \mathfrak{D} \to \mathbb{R}$$

eine in einer nicht-leeren Menge $\mathfrak{D} \subset \mathbb{R}^{k+2}$ mit $k \in \mathbb{N}$ definierte reelle Funktion. Dann wird

$$(*) \qquad \Phi(x, y, y', \ldots, y^{(k)}) = 0$$

als *gewöhnliche Differentialgleichung* bezeichnet. Dies bedeutet genauer die Frage nach der Menge $\mathscr{L}$ aller in Intervallen $\mathfrak{i} \subset \mathbb{R}$ definierten k-mal differenzierbaren Funktionen

$$y : \mathfrak{i} \to \mathbb{R}$$

mit der Eigenschaft, daß für alle $x \in \mathfrak{i}$

$$\big(x, y(x), y'(x), \ldots, y^{(k)}(x)\big) \in \mathfrak{D}$$

und

$$\Phi\big(x, y(x), y'(x), \ldots, y^{(k)}(x)\big) = 0$$

erfüllt ist; als Intervall bezeichnen wir dabei und, falls nicht ausdrücklich anders gesagt, im folgenden durchweg jede nicht-leere und nicht-einpunktige zusammenhängende Teilmenge von $\mathbb{R}$. Die Menge $\mathscr{L}$ ist die *Lösungsmenge* der notierten Differentialgleichung, abgekürzt: *Dgl*; ein $y \in \mathscr{L}$ heißt *Lösung* oder, in älterer Bezeichnung, auch *Integral* der Dgl.

Hängt

$$\Phi(t_1, t_2, \ldots, t_{k+2})$$

in $\mathfrak{D}$ vom $(k+2)$-ten Argument t_{k+2} effektiv ab — die genaue Formulierung hierfür sei dem Leser überlassen —, so wird k als die *Ordnung* der Dgl bezeichnet.

Dies gilt sicher dann, wenn (*) in der Form

$$y^{(k)} = \varphi(x, y, y', \ldots, y^{(k-1)})$$

geschrieben werden kann. In diesem Falle wird die Dgl als *explizite*, sonst als *implizite* bezeichnet.

(*) wurde oben eine gewöhnliche Dgl genannt, um zu betonen, daß es sich bei den gesuchten Funktionen um Funktionen *einer* Variablen handelt. Demgegenüber werden analoge Dgln für Funktionen mehrerer Variabler als *partielle Dgln* bezeichnet.

Allgemeiner als (*) kann man analog mehrere Dgln für mehrere gesuchte Funktionen einer Variablen im gleichen Definitionsintervall betrachten. Man spricht dann von einem (*gewöhnlichen*) *Differentialgleichungssystem* abgekürzt: *DglSystem.*

Ersetzt man oben $\mathbb{R}$ durch $\mathbb{C}$, entsprechend $\mathbb{R}^{k+2}$ durch $\mathbb{C}^{k+2}$, nimmt $\mathfrak{D}$ als Gebiet im $\mathbb{C}^{k+2}$, betrachtet statt der Intervalle i nunmehr Gebiete $\Omega \subset \mathbb{C}$ und verlangt statt k-maliger Differenzierbarkeit jetzt Holomorphie, so hat man statt der oben betrachteten *Dgl im Reellen* das Problem einer (gewöhnlichen) *Dgl im Komplexen*; entsprechendes gilt für ein DglSystem.

Wie oben genauer ausgeführt, bedeutet die Notierung einer Dgl oder eines DglSystems die Frage nach der Lösungsmenge. Daraus ergibt sich in naheliegender Weise die Art der in der Theorie der Dgln auftretenden Probleme. Man wird anstreben, die Lösungsmenge in gewisser Weise „anzugeben", sie zu charakterisieren, sie in ihrer Struktur zu übersehen, die Lösungen zu „konstruieren", sie zu berechnen. Man wird, eventuell eingeschränkt, Mengen von Lösungen mit besonderen Eigenschaften (Nebenbedingungen, z. B. *Randbedingungen* oder *Anfangsbedingungen*) betrachten. Insbesondere ergeben sich Fragen nach der Existenz und der Eindeutigkeit oder nach der Abhängigkeit von „Parametern".

In diesem Sinne soll nun im folgenden ein Abriss der Grundlagen der Theorie der gewöhnlichen Dgln und DglSysteme im Reellen und im Komplexen gegeben werden. Abschnitt 1 erläutert einige elementare Integrationsmethoden und hat mehr einführenden Charakter. Abschnitt 2 bringt in weitgehender Allgemeinheit die grundlegenden Existenz-, Eindeutigkeits- und Abhängigkeitssätze im Reellen und im Komplexen. Abschnitt 3 entwickelt die Theorie der linearen Dgln im Reellen und Abschnitt 4 weiterführend die der linearen Dgln im Komplexen.

Natürlich sollte neben dem theoretischen Wissen das praktische analytische Können nicht zu kurz kommen. Wir haben daher einen Anhang mit Übungsaufgaben und Anleitungen, gegliedert nach den Kapiteln der Theorie, hinzugefügt. Dabei werden vielfach auch weiterführende Methoden entwickelt und zusätzliche Resultate hergeleitet.

1 Elementare Integrationsmethoden

In diesem Abschnitt sollen — ohne Anspruch auf Vollständigkeit — einige einfache Typen von Dgln 1. Ordnung behandelt werden, bei denen das Auffinden von Lösungen in „elementarer" Weise, d. h. durch Aufsuchen von Stammfunktionen und die Auflösung normaler Gleichungen (implizite Funktionen) gelingt. Die Überlegungen werden im Reellen durchgeführt. Sie lassen sich weitgehend aufs Komplexe übertragen und werden dort sogar einfacher.

1.1 Dgln mit „getrennten Variablen"

Wir betrachten hier Dgln der Form

$$y' = \frac{f(x)}{g(y)}. \tag{1.1.1}$$

Dabei nehmen wir an, daß i_1 und i_2 Intervalle und

$$f: \mathrm{i}_1 \to \mathbb{R} \quad \textit{stetig},$$

$$g: \mathrm{i}_2 \to \mathbb{R} \quad \textit{stetig}$$

sind, ferner, daß für $y \in \mathrm{i}_2$ stets $g(y) \neq 0$ gilt.

Wir wollen nun bei gegebenen $\xi \in \mathrm{i}_1$ und $\eta \in \mathrm{i}_2$ nach in einem Intervall i mit $\xi \in \mathrm{i} \subset \mathrm{i}_1$ definierten Lösungen y mit

$$y(\xi) = \eta \tag{1.1.2}$$

fragen. Damit sind — durch Variation von ξ und η — offenbar alle Lösungen erfaßt.

Zu diesen ξ bzw. η erklären wir

$$F: \mathrm{i}_1 \to \mathbb{R},$$

$$G: \mathrm{i}_2 \to \mathbb{R}$$

als die in ξ bzw. η verschwindenden Stammfunktionen zu f bzw. g. Wegen der vorausgesetzten Stetigkeit hat man

$$F(x) = \int_\xi^x f(t)\,dt \qquad (x \in \mathrm{i}_1),$$

$$G(u) = \int_\eta^u g(t)\,dt \qquad (u \in \mathfrak{i}_2).$$

Für eine auf einem Intervall $\mathfrak{i} \subset \mathfrak{i}_1$ definierte differenzierbare Funktion y mit $y(\mathfrak{i}) \subset \mathfrak{i}_2$ ist dann offenbar (1.1.1) äquivalent zu

$$\frac{d}{dx} G(y(x)) = \frac{d}{dx} F(x) \qquad (x \in \mathfrak{i})$$

und damit (1.1.1) mit (1.1.2) äquivalent zu

(1.1.3) $$G(y(x)) = F(x) \qquad (x \in \mathfrak{i}),$$

wenn man $F(\xi) = 0$ und

$$G(u) = 0 \Leftrightarrow u = \eta$$

beachtet, was sich aus der mit $g(t) \neq 0$ $(t \in \mathfrak{i}_2)$ folgenden strengen Monotonie von G ergibt.

Stärker hat G nach dem elementaren Satz über die Umkehrfunktion sogar eine stetig differenzierbare, im gleichen Sinne streng monotone Umkehrfunktion G^{-1}, deren Definitionsintervall $\mathfrak{i}_3 = G(\mathfrak{i}_2)$ ist.

Damit läßt sich (1.1.3) in der Form

(1.1.4) $$y(x) = G^{-1}(F(x)) \qquad (x \in \mathfrak{i})$$

notieren.

Ist nun

$$F(\mathfrak{i}) \subset \mathfrak{i}_3,$$

so definiert die rechte Seite von (1.1.4) eine stetig differenzierbare Funktion, die nach dem zuvor Gesagten Lösung von (1.1.1), (1.1.2) ist.

Dies liefert als maximales Existenzintervall $\mathfrak{i}_0$ einer Lösung von (1.1.1) mit (1.1.2) offenbar gerade diejenige Zusammenhangskomponente von

$$F^{-1}(\mathfrak{i}_3),$$

die ξ enthält.

Wir fassen zusammen:

$y_0 := G^{-1} \circ (F|_{\mathfrak{i}_0})$ *ist Lösung von* (1.1.1) *und* (1.1.2). *Hieraus entsteht jede andere Lösung*

$$y : \mathfrak{i} \to \mathbb{R}$$

von (1.1.1) *und* (1.1.2) *durch Einschränkung auf* (*das Teilintervall*) $\mathfrak{i}$.

Wir schließen die Diskussion dreier Beispiele an:

Beispiel 1. Wir betrachten

(1.1.5) $$y' = -\frac{x}{y}$$

mit $\mathfrak{i}_1 := \mathbb{R}$ und $\mathfrak{i}_2 := (0, \infty)$.

Diese Differentialgleichung kann „geometrisch“ als die Angabe eines Richtungsfeldes interpretiert werden, das zum Punkte (x, y) mit $y \neq 0$ die zur Verbindung dieses Punktes mit $(0, 0)$ orthogonale Richtung auszeichnet. Als Lösungen, d. h. tangential zum Richtungsfeld verlaufende Kurven $(x, y(x))$, sind die „Halbkreise“ bekannt.

Tatsächlich zeigt die obige allgemeine Überlegung, daß diese genau die Lösungen sind:

Sei zu (ξ, η) mit $\eta > 0$

$$r := (\xi^2 + \eta^2)^{1/2},$$

so wird offenbar

$$\mathrm{i}_0 = (-r, r)$$

und

$$y_0(x) = (r^2 - x^2)^{1/2} \qquad (x \in (-r, r))$$

die Lösung von (1.1.5) durch (ξ, η) mit maximalem Existenzintervall.

Beispiel 2. Wir betrachten

$$y' = |y|^{1/2}. \tag{1.1.6}$$

a) Zunächst wählen wir dazu

$$\mathrm{i}_1 := \mathbb{R}, \qquad \mathrm{i}_2 := (0, \infty).$$

Für (ξ, η) mit $\eta > 0$ wird dann

$$F(x) = x - \xi \qquad (x \in \mathbb{R}),$$
$$G(y) = 2(y^{1/2} - \eta^{1/2}) \qquad (y \in (0, \infty)).$$

Damit wird

$$\mathrm{i}_3 = (-2\eta^{1/2}, \infty),$$
$$\mathrm{i}_0 = (-2\eta^{1/2} + \xi, \infty)$$

und

$$y_0(x) = \tfrac{1}{4}(x - (\xi - 2\eta^{1/2}))^2 \qquad (x \in \mathrm{i}_0)$$

die Lösung von (1.1.6) durch (ξ, η) mit maximalem Existenzintervall gemäß der obigen Theorie.

b) Analog kann man

$$\mathrm{i}_1 := \mathbb{R}, \qquad \mathrm{i}_2 := (-\infty, 0)$$

zugrunde legen. Man erhält zu (ξ, η) mit $\eta < 0$

$$\mathrm{i}_0 = (-\infty, \xi + 2|\eta|^{1/2})$$

und

$$y_0(x) = -\tfrac{1}{4}(x - (\xi + 2|\eta|^{1/2}))^2 \qquad (x \in \mathrm{i}_0)$$

als Lösung von (1.1.6) durch (ξ, η) mit maximalem Existenzintervall gemäß der obigen Theorie.

c) Nun ist $|y|^{1/2}$ auch für $y = 0$ definiert, und man kann daher unsere Dgl (1.1.6) in $\mathbb{R}^2$ betrachten. Hierbei versagt natürlich die obige Theorie um $y = 0$, insbesondere also für $\eta = 0$.

Man erkennt nun sofort, daß

$$y(x) = 0 \qquad (x \in \mathbb{R})$$

Lösung ist.

Andererseits sieht man, daß in den Fällen a) bzw. b) $y_0(x)$ und $y_0'(x)$ für $x \to (\xi - 2\eta^{1/2})$ bzw. $x \nearrow (\xi + 2|\eta|^{1/2})$ gegen 0 streben.

Daher ist für

$$-\infty \leqq \alpha \leqq \beta \leqq \infty$$

die durch

$$y(x) := \begin{cases} -\frac{1}{4}(x-\alpha)^2 & (x \leqq \alpha) \\ 0 & (\alpha \leqq x \leqq \beta) \\ \frac{1}{4}(x-\beta)^2 & (x \geqq \beta) \end{cases} \qquad (x \in \mathbb{R})$$

definierte Funktion Lösung von (1.1.6).

Unsere Überlegungen zeigen, daß man sämtliche Lösungen von (1.1.6) in $\mathbb{R}^2$ aus den eben angegebenen durch Einschränkung auf Teilintervalle erhält.

Dies zeigt insbesondere, daß in jedem Intervall $\mathrm{i} \ni \xi$ unendlich viele Lösungen von (1.1.6) durch $(\xi, 0)$ existieren. Sie liegen zwischen der „maximalen" Lösung durch $(\xi, 0)$

$$y_{\max}(x) := \begin{cases} 0 & (x \leqq \xi), \\ \frac{1}{4}(x-\xi)^2 & (x \geqq \xi) \end{cases}$$

und der „minimalen" Lösung durch $(\xi, 0)$

$$y_{\min}(x) := \begin{cases} -\frac{1}{4}(x-\xi)^2 & (x \leqq \xi), \\ 0 & (x \geqq \xi). \end{cases}$$

Im $\mathbb{R}^2$ besteht also — im Gegensatz zum Anwendungsbereich der obigen Theorie — keine Eindeutigkeit, um $(\xi, 0)$ noch nicht einmal lokale Eindeutigkeit des Anfangswertproblems.

Beispiel 3: Wir betrachten

$$y' = 1 + y^2 \tag{1.1.7}$$

mit

$$\mathrm{i}_1 := \mathbb{R}, \qquad \mathrm{i}_2 := \mathbb{R}.$$

Man hat offenbar zu $(\xi, \eta) \in \mathbb{R}^2$

$$F(x) = x - \xi \qquad (x \in \mathbb{R}),$$

$$G(y) = \operatorname{arctg}(y) - \operatorname{arctg}(\eta) \qquad (y \in \mathbb{R}).$$

Damit wird, wenn man

$$\gamma := \xi - \operatorname{arctg}(\eta)$$

setzt,

$$\mathfrak{i}_0 = \left(\gamma - \frac{\pi}{2}, \gamma + \frac{\pi}{2}\right)$$

und

$$y_0(x) = \operatorname{tg}(x - \gamma) \qquad (x \in \mathfrak{i}_0)$$

die Lösung von (1.1.7) durch (ξ, η) mit maximalem Existenzintervall.

Man beachte, daß hier die Lösungen individuelle maximale Existenzintervalle $\mathfrak{i}_0 \subsetneqq \mathbb{R} = \mathfrak{i}_1$ besitzen, obwohl die Dgl mit sehr regulären Funktionen in $\mathbb{R} \times \mathbb{R}$ gebildet ist.

1.2 Dgln vom Typ $y' = f\left(\frac{p_1x + q_1y + r_1}{p_2x + q_2y + r_2}\right)$

Wir setzen, damit triviale Fälle ausgeschlossen bleiben, für die reellen Konstanten $p_\kappa, q_\kappa, r_\kappa$ $(\kappa = 1, 2)$

$$(q_1, q_2) \neq (0, 0), \qquad \operatorname{rg}\begin{pmatrix} p_1 & q_1 & r_1 \\ p_2 & q_2 & r_2 \end{pmatrix} = 2$$

voraus und nehmen f als eine im Intervall $\mathfrak{j}$ definierte stetige reelle Funktion an.

Wir lösen die obige, im folgenden mit (1.2.1) bezeichnete Dgl, durch Zurückführung auf die beiden Spezialfälle

$$y' = f(\lambda x + y) \tag{1.2.2}$$

und

$$y' = f\left(\frac{y - y_0}{x - x_0}\right), \tag{1.2.3}$$

die daher im folgenden vorweg behandelt seien.

Zu (1.2.2): Die rechte Seite ist im Streifen

$$\mathfrak{S} := \{(x, y) : \lambda x + y \in \mathfrak{j}\}$$

stetig.

Hier ist offenbar

$$y : \mathfrak{i} \to \mathbb{R}$$

genau dann Lösung, wenn für die über die bijektive Transformation

$$u(x) = \lambda x + y(x) \qquad (x \in \mathfrak{i})$$

mit y zusammenhängende Funktion

$$u : \mathfrak{i} \to \mathbb{R}$$

gilt: u ist differenzierbar, hat Werte in $\mathfrak{j}$ und erfüllt

$$u' = \lambda + f(u).$$

Dies ist eine Dgl vom Typ (1.1.1).

Zu (1.2.3): Die rechte Seite ist im Winkelbereich

$$\mathfrak{W} := \left\{ (x, y) : x \neq x_0 \wedge \frac{y - y_0}{x - x_0} \in \mathfrak{j} \right\}$$

stetig.

Sei daher $\mathfrak{i}$ ein Intervall mit $x_0 \notin \mathfrak{i}$. Es ist

$$y : \mathfrak{i} \to \mathbb{R}$$

Lösung genau dann, wenn für die über

$$y(x) - y_0 = (x - x_0)\, u(x) \qquad (x \in \mathfrak{i})$$

mit y bijektiv zusammenhängende Funktion

$$u : \mathfrak{i} \to \mathbb{R}$$

gilt: u ist differenzierbar, hat Werte in $\mathfrak{j}$ und erfüllt

$$u' = \frac{1}{x - x_0} \; (f(u) - u).$$

Dies ist wieder eine Dgl von Typ (1.1.1).

Reduktion von (1.2.1): Ist

$$\operatorname{rg}\begin{pmatrix} p_1 & q_1 \\ p_2 & q_2 \end{pmatrix} = 1,$$

so existiert ein $\lambda \in \mathbb{R}$ mit

$$\begin{pmatrix} p_1 \\ p_2 \end{pmatrix} = \lambda \begin{pmatrix} q_1 \\ q_2 \end{pmatrix};$$

also kann

$$f\left(\frac{p_1 x + q_1 y + r_1}{p_2 x + q_2 y + r_2} \right) = f\left(\frac{q_1(\lambda x + y) + r_1}{q_2(\lambda x + y) + r_2} \right) =: \hat{f}(\lambda x + y)$$

aufgefaßt werden. Man hat den Fall (1.2.2).

Ist dagegen

$$\operatorname{rg}\begin{pmatrix} p_1 & q_1 \\ p_2 & q_2 \end{pmatrix} = 2,$$

so existiert eindeutig $(x_0, y_0) \in \mathbb{R}^2$ mit

$$\begin{pmatrix} p_1 & q_1 \\ p_2 & q_2 \end{pmatrix} \begin{pmatrix} x_0 \\ y_0 \end{pmatrix} = - \begin{pmatrix} r_1 \\ r_2 \end{pmatrix}.$$

Also kann

$$f\left(\frac{p_1 x + q_1 y + r_1}{p_2 x + q_2 y + r_2}\right) = f\left(\frac{p_1(x - x_0) + q_1(y - y_0)}{p_2(x - x_0) + q_2(y - y_0)}\right)$$

für $x \neq x_0$ als

$$\hat{f}\left(\frac{y - y_0}{x - x_0}\right)$$

aufgefaßt werden. Man hat den Fall (1.2.3).

In jedem Fall gelingt also eine Reduktion auf (1.1.1).

1.3 Die lineare Dgl 1. Ordnung

Wir untersuchen die — in y und y' (inhomogene) — lineare Dgl 1. Ordnung

(1.3.1) $$y' = f(x)\, y + g(x)$$

mit in einem gemeinsamen Intervall $\mathfrak{i}$ stetigen reellen Funktionen f, g.

Hier beachtet man zweckmäßig, daß

(1.3.2) $$y_0(x) := \exp\left(\int_\xi^x f(t)\, dt\right) \qquad (x \in \mathfrak{i})$$

für festes $\xi \in \mathfrak{i}$ eine in $\mathfrak{i}$ definierte Lösung der homogenen linearen Dgl

(1.3.3) $$y' = f(x)\, y$$

darstellt, die

(1.3.4) $$y_0(x) \neq 0 \qquad (x \in \mathfrak{i})$$

erfüllt. Dies kann man auch mit der Methode von 1.1 herleiten.

Für ein Teilintervall

$$\mathfrak{i}_0 \subset \mathfrak{i},$$

ist

$$y : \mathfrak{i}_0 \to \mathbb{R}$$

genau dann Lösung von (1.3.1), wenn die durch

(*) $$y(x) = c(x)\, y_0(x) \qquad (x \in \mathfrak{i}_0)$$

mit y bijektiv zusammenhängende Funktion

$$c : \mathfrak{i}_0 \to \mathbb{R}$$

Lösung von

$$c'(x) = g(x)\, y_0(x)^{-1}$$

ist.

Dies zeigt:

(1.3.5) $$y(x) := y_0(x)\left(\int_\xi^x g(t)\, y_0(t)^{-1}\, dt + \gamma\right) \qquad (x \in \mathfrak{i})$$

liefert für jedes $\gamma \in \mathbb{R}$ *eine Lösung von* (1.3.1). *Man erhält sämtliche Lösungen hieraus durch Einschränkung auf Teilintervalle.*

Für die homogene Dgl hat man speziell die Lösungen in $\mathfrak{i}$:

(1.3.6) $$y(x) := \gamma y_0(x) \qquad (x \in \mathfrak{i}).$$

Ist $y \neq 0$, so ist also $y(x) \neq 0$ $(x \in \mathfrak{i})$; jedes solche y kann daher an die Stelle von y_0 in (1.3.5) treten.

Bei der obigen speziellen Wahl von y_0 stellt offenbar (1.3.5) gerade die eindeutig bestimmte Lösung von (1.3.1) in $\mathfrak{i}$ mit

$$y(\xi) = \gamma$$

dar. Es gilt also hier wieder ein Existenz- und Eindeutigkeitssatz für das Anfangswertproblem.

(1.3.5) zeigt überdies, was auch nach der algebraischen Struktur von (1.3.1) klar ist:

Die Lösungsmenge von (1.3.1) *entsteht aus einer speziellen Lösung durch Addition des eindimensionalen Lösungsraumes von* (1.3.3).

(*) und (1.3.6) legen die Bezeichnung *Variation der Konstanten* für die verwendete Methode nahe.

Wir notieren noch die Bemerkung

(1.3.7) *Sind*

$$y_\nu : \mathfrak{i} \to \mathbb{R} \qquad (\nu = 1, 2, 3),$$

sind dabei y_1, y_2 *Lösungen von* (1.3.1) *mit*

$$y_1 \neq y_2,$$

so ist y_3 *Lösung von* (1.3.1) *genau dann, wenn mit einem* $\gamma \in \mathbb{R}$

$$\frac{y_3(x) - y_1(x)}{y_2(x) - y_1(x)} = \gamma \qquad (x \in \mathfrak{i})$$

gilt.

Es ist nämlich $y_2 - y_1$ Lösung von (1.3.3) und $\neq 0$. Andererseits ist y_3 Lösung von (1.3.1) genau dann, wenn $y_3 - y_1$ Lösung von (1.3.3), also mit einem $\gamma \in \mathbb{R}$

$$y_3 - y_1 = \gamma(y_2 - y_1)$$

ist.

Als weitere Bemerkung zu (1.3.5) sei noch vermerkt:

(1.3.8) *Ist*

$$u : \mathrm{i} \to \mathbb{R}$$

stetig differenzierbar und hat man

$$u'(x) \leqq f(x)\,u(x) + g(x) \qquad (x \in \mathrm{i}),$$

$$u(\xi) = \gamma,$$

so gilt mit y aus (1.3.5)

$$u(x) \left\{ \begin{matrix} \leqq \\ \geqq \end{matrix} \right\} y(x) \qquad \left(x \in \mathrm{i},\ x \left\{ \begin{matrix} \geqq \\ \leqq \end{matrix} \right\} \xi \right).$$

Zum *Beweis* setzt man

$$z := y - u$$

und

$$h := z' - fz;$$

dann ist

$$h : \mathrm{i} \to \mathbb{R}$$

stetig mit

$$h(x) \geqq 0 \qquad (x \in \mathrm{i}).$$

Wendet man (1.3.5) auf

$$z' = f(x)\,z + h(x), \qquad z(\xi) = 0$$

an, so wird

$$z(x) = y_0(x) \int_\xi^x h(t)\, y_0(t)^{-1}\, dt.$$

Daraus liest man die Behauptung ab. □

Aus der Bemerkung (1.3.8) ergibt sich fast unmittelbar eine Abschätzung von Funktionen, die einer linearen Integralungleichung genügen:

(1.3.9) *f, g, y seien in* i *definierte stetige reelle Funktionen; für $x \in \mathrm{i}$ sei $f(x) \geqq 0$; mit $\xi \in \mathrm{i}$ gelte für $\xi \leqq x \in \mathrm{i}$*

$$(+) \qquad y(x) \leqq g(x) + \int_\xi^x f(t)\, y(t)\, dt;$$

ferner sei y_1 die Lösung von

$$y_1' = f(x)\, y_1 + f(x)\, g(x),$$

$$y_1(\xi) = 0.$$

Dann gilt für $\xi \leqq x \in \mathrm{i}$

$$y(x) \leqq g(x) + y_1(x).$$

Für

$$u(x) := \int_\xi^x f(t)\, y(t)\, dt \qquad (x \in \mathrm{i})$$

erhält man aus (+) mit $f(x) \geqq 0$ sofort

$$u'(x) \leqq f(x)\, u(x) + f(x)\, g(x) \qquad (\xi \leqq x \in \mathrm{i}),$$

also mit (1.3.8)

$$u(x) \leqq y_1(x) \qquad (\xi \leqq x \in \mathrm{i})$$

und hieraus wieder mit (+) die Behauptung. □

(1.3.9) wird gelegentlich als *Bellmansches Lemma* bezeichnet.

1.4 Bernoullische Dgl

Als solche wird

(1.4.1) $$y' = f(x)\, y + g(x)\, y^\alpha$$

bezeichnet. Wir nehmen dabei f und g als in einem gemeinsamen Intervall i stetige reelle Funktionen an. Ferner sei $\alpha \in \mathbb{R} \setminus \{0, 1\}$. Dementsprechend werden nur Lösungen

$$y : \mathrm{i}_0 \to \mathbb{R}$$

mit $\mathrm{i}_0 \subset \mathrm{i}$ und

$$y(x) > 0 \qquad (x \in \mathrm{i}_0)$$

betrachtet.

Die bijektive Transformation

$$\left.\begin{aligned} u(x) &= y(x)^{1-\alpha} \\ y(x) &= u(x)^{1/(1-\alpha)} \end{aligned}\right\} \quad (x \in \mathrm{i}_0)$$

zeigt nun, daß y genau dann Lösung ist, wenn

$$u : \mathrm{i}_0 \to \mathbb{R}$$

die lineare Dgl

(1.4.2) $$u' = (1 - \alpha)\, f(x)\, u + (1 - \alpha)\, g(x)$$

löst und

$$u(x) > 0 \qquad (x \in \mathrm{i}_0)$$

gilt.

Damit ist die Zurückführung auf 1.3 gegeben.

Für spezielle α kann man auch $y(x) \leqq 0$ zulassen. Ist $0^\alpha = 0$ definiert, so ist natürlich auch $y = 0$ Lösung.

1.5 Riccatische Dgl

Dies ist die Dgl

$$y' = f(x)\,y^2 + g(x)\,y + h(x). \tag{1.5.1}$$

Wir nehmen dabei im folgenden durchweg f, g und h als in einem gemeinsamen Intervall $\mathfrak{i}$ definierte stetige reelle Funktionen an; zusätzlich sei, damit nicht die lineare Dgl vorliegt,

$$f \not\equiv 0$$

angenommen.

Es läßt sich zeigen, daß (1.5.1) allgemein nicht „elementar integrierbar" ist. Andererseits aber können, falls eine Lösung bekannt ist, andere elementar gefunden werden (vgl. 1.5.2). Dies und verwandte Zusammenhänge rechtfertigen eine Behandlung von (1.5.1) im Rahmen von 1.

Die Riccatische Dgl (1.5.1) enthält gegenüber der linearen Dgl (1.3.1) noch den Term $f(x)\,y^2$. Dies ändert jedoch den Charakter der Lösungen beträchtlich: die elementare Integrierbarkeit geht, wie gesagt, verloren; auch können Lösungen jetzt im Gegensatz zu (1.3.1) — vgl. (1.3.5) — individuelle maximale Existenzintervalle besitzen, wie schon das Beispiel 3 von 1.1 zeigt.

1.5.1 Zusammenhang mit der homogenen linearen Dgl 2. Ordnung

Hier wollen wir zusätzlich zu den obigen generellen Annahmen

$$f \quad \textit{stetig differenzierbar},$$

$$f(x) \neq 0 \qquad (x \in \mathfrak{i})$$

voraussetzen.

Wir führen dann zunächst zweckmäßig eine die Dgl (1.5.1) auf eine Normalform reduzierende Transformation durch.

Sei $\mathfrak{i}_0 \subset \mathfrak{i}$ und

$$y : \mathfrak{i}_0 \to \mathbb{R}.$$

Dann liefert nach unseren Annahmen

$$z(x) = -f(x)\,y(x) \qquad (x \in \mathfrak{i}_0)$$

eine bijektive Beziehung zu einem

$$z : \mathfrak{i}_0 \to \mathbb{R},$$

wobei (stetig) differenzierbaren y genau (stetig) differenzierbare z entsprechen. Aus der Äquivalenz von

$$f'y + fy' = f^2y^2 + (fg + f')\,y + fh$$

und (1.5.1) folgt: y ist Lösung von (1.5.1) genau dann, wenn z Lösung von

(1.5.2) $$z' = -z^2 - g_1(x)\,z - h_1(x)$$

mit

$$g_1 := -\frac{1}{f}(fg + f'),$$

$$h_1 := fh$$

ist. Hier sind wieder g_1 und h_1 in i stetig.

Wir betrachten nun weiter (1.5.2). Sei $\mathrm{i}_0 \subset \mathrm{i}$ und

$$z : \mathrm{i}_0 \to \mathbb{R}$$

Lösung von (1.5.2). Dann gibt mit $0 \neq \gamma \in \mathbb{R}$ und $\xi \in \mathrm{i}_0$

(1.5.3) $$u(x) := \gamma \exp\left(\int_\xi^x z(t)\,dt \right) \qquad (x \in \mathrm{i}_0)$$

offenbar eine zweimal stetig differenzierbare Funktion

$$u : \mathrm{i}_0 \to \mathbb{R}$$

mit

(1.5.4) $$u(x) \neq 0 \qquad (x \in \mathrm{i}_0),$$

die wegen

$$u' = uz$$

$$u'' = u'z + uz' = u(z^2 + z')$$

der Dgl

(1.5.5) $$u'' + g_1(x)\,u' + h_1(x)\,u = 0$$

genügt.

Hat man umgekehrt in i_0 eine (zweimal stetig differenzierbare) Lösung von (1.5.5) mit (1.5.4), so liefert dieselbe Überlegung mit

(1.5.6) $$z(x) := \frac{u'(x)}{u(x)} \qquad (x \in \mathrm{i}_0)$$

eine Lösung z von (1.5.2) in i_0.

Dieser Zusammenhang zwischen (1.5.5) und (1.5.2) ergibt sich zwangsläufig bei dem Problem, für (1.5.5) eine „Faktorisierung"

$$u'' + g_1(x)\,u' + h_1(x)\,u = \left(\frac{d}{dx} - \rho(x) \right)\left(\frac{d}{dx} - \omega(x) \right) u$$

in einem Teilintervall $\mathrm{i}_0 \subset \mathrm{i}$ mit dort stetigem ρ und stetig differenzierbarem ω zu erreichen.

Zunächst ist eine notwendige Bedingung sichtbar: Jede Lösung u_0 von

$$u_0' = \omega(x)\, u_0$$

ist zweimal stetig differenzierbar und genügt auch (1.5.5). Wählt man $u_0 \neq 0$, also $u_0(x) \neq 0$ $(x \in \mathrm{i}_0)$, so ist

$$\omega(x) = \frac{u_0'(x)}{u_0(x)}$$

und ω also nach dem eben Gesagten Lösung von (1.5.2).

Ist umgekehrt ω in i_0 Lösung von (1.5.2), so gibt u_0, definiert gemäß (1.5.3) eine Lösung von (1.5.5) mit (1.5.4).

Transformiert man

$$u(x) = u_0(x)\, v(x) \qquad (x \in \mathrm{i}_0),$$

so wird mit $u_0' = \omega u_0$

$$\begin{aligned} u'' + g_1 u' + h_1 u &= u_0 v'' + (g_1 u_0 + 2u_0')\, v' = \\ &= \left(\frac{d}{dx} + (g_1 + \omega) \right) u_0 v' = \\ &= \left(\frac{d}{dx} + (g_1 + \omega) \right)\left(\frac{d}{dx} - \omega \right) u. \end{aligned}$$

Also ist dann mit $\rho := -g_1 - \omega$ die gewünschte Faktorisierung gegeben.

1.5.2 Elementare Integration bei bekannter spezieller Lösung

Wir gehen aus von

(1.5.7) **Satz:** *Ist* $\mathrm{i}_0 \subset \mathrm{i}$,

$$\begin{aligned} &y_0 : \mathrm{i}_0 \to \mathbb{R} \quad \textit{Lösung von}\ (1.5.1), \\ &y\ : \mathrm{i}_0 \to \mathbb{R}, \\ &u\ : \mathrm{i}_0 \to \mathbb{R} \end{aligned}$$

und

$$u(x)\big(y(x) - y_0(x)\big) = 1 \qquad (x \in \mathrm{i}_0),$$

so gilt: y ist genau dann Lösung von (1.5.1), *wenn u Lösung der linearen Dgl*

(1.5.8) $$u' = -\big(2f(x)\, y_0(x) + g(x)\big)\, u - f(x)$$

ist.

Mit Benutzung der Dgl für y_0 und

$$z := y - y_0 = \frac{1}{u}$$

erhält man nämlich

$$y' - fy^2 - gy - h = z' - (2fy_0 + g)z - fz^2 = -z^2(u' + (2fy_0 + g)u + f). \quad \square$$

Eine einfache Folgerung ist

(1.5.9) **Satz:** (*Eindeutigkeitssatz*)
Sind y und y_0 in einem gemeinsamen Intervall $\mathfrak{i}_0 \subset \mathfrak{i}$ Lösungen von (1.5.1), *so ist entweder $y = y_0$ oder für alle $x \in \mathfrak{i}_0$ gilt $y(x) \neq y_0(x)$.*

Andernfalls könnte o. B. d. A. (Einschränkung von $\mathfrak{i}_0$) angenommen werden, daß im Eckpunkt $\alpha \in \mathfrak{i}_0$ $y(\alpha) = y_0(\alpha)$ gilt, während man für $x \in \mathring{\mathfrak{i}}_0$ durchweg $y(x) \neq y_0(x)$ hat. Bildet man dann in $\mathring{\mathfrak{i}}_0$ $u = \dfrac{1}{y - y_0}$, so genügt u dort (1.5.8). Da die Koeffizienten von (1.5.8) aber in $\mathfrak{i}_0$ stetig sind, läßt sich u auf $\mathfrak{i}_0$ stetig fortsetzen (vgl. 1.3). Dann aber liefert

$$u(x)\big(y(x) - y_0(x)\big) = 1$$

für $x \to \alpha$ den gewünschten Widerspruch. $\square$

Aus dem Vorstehenden erhält man nun einen Überblick über die Gesamtheit aller Lösungen der Riccatischen Dgl (1.5.1) in Teilintervallen $\mathfrak{i}_1$ des Definitionsintervalls $\mathfrak{i}_0$ einer speziellen Lösung y_0.

(1.5.10) **Satz:** *Seien* $\mathfrak{i}_0 \subset \mathfrak{i}$,

$$y_0 : \mathfrak{i}_0 \to \mathbb{R} \quad \textit{Lösung von}\ (1.5.1),$$

$$u_0 : \mathfrak{i}_0 \to \mathbb{R} \quad \textit{Lösung von}\ (1.5.8)$$

und

$$v_0 : \mathfrak{i}_0 \to \mathbb{R}$$

Lösung von

$$v_0' = -\big(2f(x)\,y_0(x) + g(x)\big)\,v_0$$

mit $v_0 \neq 0$. Dann ist mit $\mathfrak{i}_1 \subset \mathfrak{i}_0$

$$y : \mathfrak{i}_1 \to \mathbb{R}$$

genau dann Lösung von (1.5.1), *wenn entweder*

$$y = y_0|_{\mathfrak{i}_1}$$

gilt, oder mit einem $\gamma \in \mathbb{R}$

$$y = \left(y_0 + \frac{1}{u_0 + \gamma v_0} \right)\Bigg|_{\mathfrak{i}_1}$$

gilt, wobei für alle $x \in \mathfrak{i}_1$ $u_0(x) + \gamma v_0(x) \neq 0$ bleibt.

Dies folgt unmittelbar aus Satz (1.5.9) und Satz (1.5.7) zusammen mit der entsprechenden Struktur der Lösungsgesamtheit von (1.5.8) gemäß 1.3. $\square$

Wenn man von der im Parameter γ inhomogenen Form zu einer entsprechenden homogenen übergeht, fällt die Fallunterscheidung fort; man hat

$$(1.5.11) \qquad y = \left(\frac{\gamma_1 u_1 + \gamma_2 v_1}{\gamma_1 u_0 + \gamma_2 v_0}\right)\Bigg|_{i_1} \quad \textit{mit} \quad \mathbb{R}^2 \ni (\gamma_1, \gamma_2) \neq (0,0)$$

wobei

$$(1.5.12) \qquad \begin{aligned} u_1 &:= 1 + u_0 y_0, \\ v_1 &:= v_0 y_0 \end{aligned}$$

gesetzt ist.

Man stellt fest, daß u_0, u_1, v_0, v_1 im Fall $f|_{i_0} \neq 0$ die folgenden Eigenschaften haben:

(1) $u_\nu, v_\nu : i_0 \to \mathbb{R}$ *stetig differenzierbar* $(\nu = 0, 1)$,

(2) u_0, v_0 *linear unabhängig,*

(3) *für alle* $x \in i_0$ $\begin{vmatrix} u_1(x) & v_1(x) \\ u_0(x) & v_0(x) \end{vmatrix} \neq 0.$

(1) ist unmittelbar gegeben, (2) folgt mit $f|_{i_0} \neq 0$ und mit (1.5.12) wird die Determinante gerade $v_0(x) \neq 0$.

Hier gilt eine Umkehrung:

(1.5.13) **Satz:** *Die Funktionen* u_0, u_1, v_0, v_1 *mögen die Eigenschaften* (1), (2), (3) *besitzen. Dann gibt es eindeutig auf* i_0 *definierte Funktionen* f, g, h *derart, daß die Lösungsgesamtheit der Riccatischen Dgl*

$$y' = f(x)\, y^2 + g(x)\, y + h(x)$$

durch

$$y = \left(\frac{\gamma_1 u_1 + \gamma_2 v_1}{\gamma_1 u_0 + \gamma_2 v_0}\right)\Bigg|_{i_1}$$

gegeben ist, wobei $(0,0) \neq (\gamma_1, \gamma_2) \in \mathbb{R}^2$, $i_1 \subset i_0$ *und für* $x \in i_1$ $\gamma_1 u_0(x) + \gamma_2 v_0(x) \neq 0$ *gilt.*

Sei zum *Beweis* zunächst ein solches y betrachtet. Dann ist wegen (1) y stetig differenzierbar. Nun kann man in i_1

$$\gamma_1(y u_0 - u_1) + \gamma_2(y v_0 - v_1) = 0$$

und somit auch

$$\gamma_1(y u_0 - u_1)' + \gamma_2(y v_0 - v_1)' = 0$$

aufschreiben. Mit $(\gamma_1, \gamma_2) \neq (0,0)$ folgt daraus das Verschwinden der Determinante dieses homogenen Gleichungssystems. Dies wird zu

$$\begin{aligned} & y'(u_0 v_1 - u_1 v_0) + y^2(u_0 v_0' - u_0' v_0) + \\ & \qquad + y(u_1' v_0 + u_0' v_1 - u_0 v_1' - u_1 v_0') + (u_1 v_1' - u_1' v_1) = 0. \end{aligned}$$

Nach (3) können nun

$$f = -\frac{u_0 v_0' - u_0' v_0}{u_0 v_1 - u_1 v_0},$$

$$g = -\frac{u_1' v_0 + u_0' v_1 - u_0 v_1' - u_1 v_0'}{u_0 v_1 - u_1 v_0}$$

$$h = -\frac{u_1 v_1' - u_1' v_1}{u_0 v_1 - u_1 v_0}$$

gebildet werden. Diese sind in i_0 stetig. Wegen (2) gilt dabei $f \neq 0$.

Damit sind alle betrachteten y Lösungen der mit den angegebenen f, g, h gebildeten Riccatischen Dgl. Dies ist deren Lösungsgesamtheit, weil für ein $\xi \in \mathrm{i}$ und $\eta \in \mathbb{R}$ z. B.

$$\gamma_1 u_1(\xi) + \gamma_2 v_1(\xi) = \eta$$

$$\gamma_1 u_0(\xi) + \gamma_2 v_0(\xi) = 1$$

durch $(0,0) \neq (\gamma_1, \gamma_2) \in \mathbb{R}^2$ aufgrund von (3) gelöst werden kann (vgl. Satz (1.5.9)).

f, g, h sind durch die Lösungsschar eindeutig bestimmt, weil für ein anderes solches Tripel (f_1, g_1, h_1) und jedes $\xi \in \mathrm{i}_0$ und $\eta \in \mathbb{R}$ nach dem eben Überlegten

$$f(\xi)\eta^2 + g(\xi)\eta + h(\xi) = f_1(\xi)\eta^2 + g_1(\xi)\eta + h_1(\xi)$$

gelten müßte, was sofort $f_1 = f$, $g_1 = g$ und $h_1 = h$ gibt. □

Eingehendere Untersuchungen, die jedoch die Existenzaussagen von 2. heranziehen müssen, zeigen, daß für jede Riccatische Dgl (1.5.8) im gesamten Intervall i die Lösungsgesamtheit gemäß Satz (1.5.13) (mit i statt i_0) geschrieben werden kann. Dies gilt also nicht nur, wie wir in Satz (1.5.10) und (1.5.11) zeigten, in dem Definitionsintervall einer speziellen Lösung.

1.5.3 Konstantes Doppelverhältnis

Satz (1.5.7) und die Feststellung (1.3.7) über das Teilverhältnis dreier Lösungen einer linearen Dgl geben leicht eine entsprechende Aussage über das Doppelverhältnis von vier Lösungen einer Riccatischen Dgl (1.5.1).

(1.5.14) **Satz:** *Es seien* i_0 *Teilintervall des Stetigkeitsintervalls* i *von* (1.5.1),

$$y_\nu : \mathrm{i}_0 \to \mathbb{R} \qquad (\nu = 0, 1, 2, 3),$$

dabei

$$y_\nu \textit{ Lösungen von } (1.5.1) \qquad (\nu = 0, 1, 2)$$

und für $x \in \mathrm{i}_0$ *stets*

$$y_\nu(x) \neq y_\mu(x) \qquad (\nu \neq \mu;\ \nu, \mu \in \{0, 1, 2, 3\}).$$

Dann ist y_3 Lösung von (1.5.1) *genau dann, wenn mit einem* $\gamma \in \mathbb{R}$

$$\frac{y_3(x) - y_1(x)}{y_2(x) - y_1(x)} : \frac{y_3(x) - y_0(x)}{y_2(x) - y_0(x)} = \gamma \qquad (x \in \mathrm{i}_0)$$

gilt.

Zum *Beweis* führt man

$$u_\nu = \frac{1}{y_\nu - y_0} \qquad (\nu = 1, 2, 3)$$

ein. Auf diese Funktionen und die lineare Dgl

$$u' = -(2f(x)\,y_0(x) + g(x))\,u - f(x)$$

läßt sich nun nach Satz (1.5.7) die Bemerkung (1.3.7) anwenden: u_1 und u_2 sind verschiedene Lösungen dieser Dgl und u_3 ist genau dann ebenfalls Lösung, wenn

$$\frac{u_3(x) - u_1(x)}{u_2(x) - u_1(x)} = \gamma \in \mathbb{R} \qquad (x \in \mathrm{i}_0).$$

Andererseits gilt die Identität

$$\frac{y_3 - y_1}{y_2 - y_1} : \frac{y_3 - y_0}{y_2 - y_0} = \frac{u_3 - u_1}{u_2 - u_1}.$$

Das liefert — wieder mit Satz (1.5.7) — die Behauptung. □

Man kann den Beweis natürlich auch mit Satz (1.5.10) und der Invarianz des Doppelverhältnisses bei gebrochener linearer Transformation führen.

1.6 Exakte Dgln, Multiplikatoren

Ist $\mathfrak{G}$ ein Gebiet im $\mathbb{R}^2$, sind die Funktionen

$$f_\nu : \mathfrak{G} \to \mathbb{R} \quad \textit{stetig} \quad (\nu = 1, 2),$$

so nennen wir die Dgl

(1.6.1) $$f_1(x, y) + f_2(x, y)\,y' = 0$$

in $\mathfrak{G}$ exakt, wenn ein

$$F : \mathfrak{G} \to \mathbb{R} \quad \textit{stetig differenzierbar}$$

mit

$$F_x = f_1, \qquad F_y = f_2$$

(Stammfunktion zu (f_1, f_2) in $\mathfrak{G}$) existiert.

Sind f_1 und f_2 sogar stetig differenzierbar, so ist hierfür bekanntlich notwendig

$$f_{1y} = f_{2x}$$

(Satz von Schwarz; Integrabilitätsbedingung).

Hinreichende Bedingungen sind bekanntlich:

$$\begin{aligned} &\mathfrak{G} \quad \textit{einfach-zusammenhängend},\\ &f_1, f_2 \quad \textit{stetig differenzierbar},\\ &f_{1y} = f_{2x}. \end{aligned}$$

In diesem Fall kann bei festem $(x_0, y_0) \in \mathfrak{G}$ für $(x, y) \in \mathfrak{G}$ mit einer in $\mathfrak{G}$ von (x_0, y_0) nach (x, y) verlaufenden stetigen rektifizierbaren Kurve $\mathfrak{c}$

$$F(x, y) := \int_{\mathfrak{c}\,(x_0, y_0)}^{(x,y)} \left(f_1(\xi, \eta)\, d\xi + f_2(\xi, \eta)\, d\eta\right)$$

— was dann von der speziellen Wahl von $\mathfrak{c}$ unabhängig ist — bestimmt werden. Lokal kann

$$F(x, y) := \int_{x_0}^{x} f_1(\xi, y_0)\, d\xi + \int_{y_0}^{y} f_2(x, \eta)\, d\eta$$

berechnet werden. Dieser letzte Hinweis wird zumeist für die praktische Bestimmung von F ausreichen.

Die besondere Bedeutung der exakten (oder gelegentlich: *totalen*) Dgl (1.6.1) liegt in der Bemerkung, daß eine Funktion

$$y : \mathfrak{i} \to \mathbb{R} \quad \textit{differenzierbar}$$

mit $(x, y(x)) \in \mathfrak{G}$ für $x \in \mathfrak{i}$ genau dann Lösung von (1.6.1) ist, wenn mit einem $\gamma \in \mathbb{R}$

$$F(x, y(x)) = \gamma \qquad (x \in \mathfrak{i})$$

gilt.

Das folgt unmittelbar aus

$$\frac{d}{dx} F(x, y(x)) = f_1(x, y(x)) + f_2(x, y(x))\, y'(x).$$

Damit kann man nun lokal nach dem Satze über implizite Funktionen Lösungen bestimmen, falls an einer Stelle $(\xi, \eta) \in \mathfrak{G}$

$$F_y(\xi, \eta) = f_2(\xi, \eta) \neq 0$$

gilt. Das bedeutet gerade, daß in einer Umgebung von (ξ, η) (1.6.1) zu einer expliziten Dgl äquivalent ist.

Es ergibt sich

(1.6.2) **Satz:** *Sei* (1.6.1) *in* $\mathfrak{G}$ *exakt,* $(\xi, \eta) \in \mathfrak{G}$ *und* $f_2(\xi, \eta) \neq 0$. *Dann gibt es eine auf einem offenen Intervall* $\mathfrak{i}$ *um* ξ *erklärte Lösung* y *von* (1.6.1) *mit*

$$y(\xi) = \eta,$$

so daß für jede weitere Lösung

$$y_1 : \mathfrak{i}_1 \to \mathbb{R}$$

mit $\xi \in \mathfrak{i}_1$ *und* $y_1(\xi) = \eta$ *gilt*

$$y(x) = y_1(x) \qquad (x \in \mathfrak{i} \cap \mathfrak{i}_1).$$

Nach dem Satze über implizite Funktionen existiert nämlich eindeutig eine lokale Auflösung von

$$F(x, y) = F(\xi, \eta)$$

um (ξ, η). Die obige Bemerkung gibt damit die Behauptungen. □

Wir bemerken noch, daß die in 1.1 behandelten Dgln mit getrennten Variablen offenbar exakten trivial äquivalent sind.

Falls (1.6.1) nicht exakt ist, so kann man versuchen, ein

$$\mu : \mathfrak{G} \to \mathbb{R} \quad \textit{stetig}$$

mit

$$\mu(x, y) \neq 0 \qquad ((x, y) \in \mathfrak{G})$$

(äquivalente Dgln!) zu finden, derart, daß

$$\mu(x, y)\, f_1(x, y) + \mu(x, y)\, f_2(x, y)\, y' = 0 \tag{1.6.3}$$

exakt in $\mathfrak{G}$ ist. Man nennt dann μ *Multiplikator für* (1.6.1) *in* $\mathfrak{G}$.

Sind zusätzlich

$$\mathfrak{G} \ \textit{einfach-zusammenhängend},$$

$$f_1, f_2 \ \textit{und} \ \mu \ \textit{stetig differenzierbar},$$

so ist dafür notwendig und hinreichend das Bestehen der Integrabilitätsbedingung mit $(\mu f_1, \mu f_2)$. Diese wird zur partiellen Dgl für μ:

$$f_2(x, y)\, \mu_x - f_1(x, y)\, \mu_y = \big(f_{1y}(x, y) - f_{2x}(x, y)\big)\, \mu \tag{1.6.4}$$

Hieraus kann man leicht eine notwendige und hinreichende Bedingung für die Existenz eines „von y unabhängigen" Multiplikators gewinnen.

Sei dazu $\mathfrak{i}$ die x-Projektion von $\mathfrak{G}$, d. h.

$$\mathfrak{i} = \{x \in \mathbb{R} : \exists\ y \in \mathbb{R}\ (x, y) \in \mathfrak{G}\}.$$

Notwendig ist dann offenbar die Existenz einer stetigen Funktion

$$\varphi : \mathfrak{i} \to \mathbb{R}$$

mit

$$f_{1y}(x, y) - f_{2x}(x, y) = f_2(x, y)\varphi(x)$$

für $(x, y) \in \mathfrak{G}$.

Dies ist auch hinreichend. Man bestimme nämlich

$$\mu_0 : \mathfrak{i} \to \mathbb{R} \quad \textit{stetig differenzierbar}$$

mit $\mu_0 \neq 0$ als Lösung von

$$\mu_0' = \varphi(x)\,\mu_0$$

und setze

$$\mu(x, y) := \mu_0(x) \qquad \big((x, y) \in \mathfrak{G}\big).$$

Analoges gilt für x-unabhängige Multiplikatoren.

Einfache Bedingungen kann man auch gewinnen für Multiplikatoren der Form

$$\mu_0(x + y)$$

oder

$$\mu_0(x \cdot y).$$

Ein *Beispiel* einfacher Art bietet die lineare Dgl 1. Ordnung in einem offenen Intervall $\mathfrak{i}$, indem man in

$$\mathfrak{G} = \mathfrak{i} \times \mathbb{R}$$

die Form

$$-\big(f(x)\,y + g(x)\big) + 1 \cdot y' = 0$$

betrachtet. Man erkennt leicht $(\xi \in \mathfrak{i})$

$$\mu(x, y) := \exp\left(- \int_{\xi}^{x} f(t)\,dt \right)$$

als Multiplikator. Die obige Methode von Satz (1.6.2) liefert natürlich die von 1.3 bekannte Lösungsformel.

1.7 Clairautsche Dgl

Als Clairautsche Dgl wird

(1.7.1) $$y = xy' - g(y')$$

bezeichnet.

Hier gilt zunächst natürlich:

Für jedes γ aus dem Definitionsbereich von g ist

$$y : \mathbb{R} \to \mathbb{R},$$

definiert durch

(1.7.2) $$y = \gamma x - g(\gamma) \qquad (x \in \mathbb{R})$$

Lösung von (1.7.1).

Wir nennen diese Lösungen oder Einschränkungen davon „lineare Lösungen".

Im folgenden geben wir eine vollständige Theorie von (1.7.1) unter den Voraussetzungen:

g sei eine auf dem kompakten Intervall $\mathfrak{j}'$ positiver Länge erklärte differenzierbare Funktion. g' sei streng monoton.

Als unmittelbare und wesentlich zu verwendende Folgerungen notieren wir:

g' nimmt nach dem Satz von Darboux jeden Zwischenwert an, ist also, wenn monoton, auch stetig. Daher bildet g' das Intervall $\mathfrak{j}'$ streng monoton und stetig, also topologisch auf ein kompaktes Intervall $\mathfrak{j}$ positiver Länge ab:

$$g' : \mathfrak{j}' \twoheadrightarrow \mathfrak{j}.$$

Es existiert die isotone stetige Umkehrfunktion

(1.7.3) $$\varphi := g'^{-1} : \mathfrak{j} \twoheadrightarrow \mathfrak{j}'.$$

Wir zeigen nun zunächst die Existenz einer nicht-linearen „singulären Lösung".

(1.7.4) **Satz:** *Sei*

$$h : \mathfrak{j} \to \mathbb{R}$$

mit (1.7.3) *durch*

$$h(x) := x\varphi(x) - g(\varphi(x)) \qquad (x \in \mathfrak{j})$$

erklärt. Dann ist h stetig differenzierbar mit

$$h' = \varphi$$

und daher Lösung von (1.7.1).

Zum *Beweis* nimmt man zunächst $x_\nu \in \mathfrak{j}$ $(\nu = 1, 2)$ mit $x_1 \neq x_2$ an. Aufgrund der Eigenschaften von g' und φ existiert ein $\xi \in (x_1, x_2)$ mit

$$\frac{g(\varphi(x_2)) - g(\varphi(x_1))}{\varphi(x_2) - \varphi(x_1)} = g'(\varphi(\xi)) = \xi.$$

Mit der Definition von h folgt

$$\frac{h(x_2) - h(x_1)}{x_2 - x_1} = \varphi(x_2) + \frac{\xi - x_1}{x_2 - x_1}(\varphi(x_1) - \varphi(x_2)) \in (\varphi(x_1), \varphi(x_2)).$$

Das aber gibt mit der Stetigkeit von φ die Differenzierbarkeit sowie $h' = \varphi$ und damit die Aussage des Satzes. □

Im folgenden sei i ein beliebiges Intervall im Sinne von 0,

$$y : \mathrm{i} \to \mathbb{R} \quad \textit{differenzierbar}$$

und Lösung von (1.7.1).

Hierfür zeigen wir zuerst

(1.7.5) **Hilfssatz:** *Sind* $x_\nu \in \mathrm{i}$ $(\nu = 1, 2)$, $x_1 < x_2$ *und gilt*

$$y'(x_1) = y'(x_2) =: t,$$

so hat man

$$y(x) = xt - g(t) \qquad (x \in [x_1, x_2]).$$

Beweis: Wir betrachten

$$d : [x_1, x_2] \to \mathbb{R} \quad \textit{differenzierbar},$$

erklärt durch

$$d(x) := y(x) - xt + g(t).$$

Wegen (1.7.1) haben wir

$$d(x_1) = d(x_2) = 0.$$

Es ist $d = 0$ zu zeigen. Sei im Widerspruch hierzu für ein $\xi \in (x_1, x_2)$ $d(\xi) \neq 0$, so bezeichnen wir mit (α, β) die Zusammenhangskomponente der offenen Menge $d^{-1}(\mathbb{R} \setminus \{0\})$, die ξ enthält. Dann hat man natürlich $\alpha, \beta \in [x_1, x_2]$ und $d(\alpha) = d(\beta) = 0$. Nach dem Satz von Rolle existiert nun ein $\zeta \in (\alpha, \beta)$ mit $d'(\zeta) = 0$. Das aber hieße $y'(\zeta) = t$ und gäbe mit der Dgl (1.7.1) doch $d(\zeta) = 0$ im Widerspruch zur Konstruktion von (α, β). □

Es folgt hieraus

(1.7.6) **Hilfssatz:** y' *ist monoton und daher stetig.*

Beweis: Wir verwenden wieder den Zwischenwertsatz von Darboux für y'. Wäre danach y' nicht monoton, so gäbe es

$$x_1 < x_{12} < x_2$$

in i mit

$$y'(x_1) = y'(x_2) \neq y'(x_{12}).$$

Das aber ist nach Hilfssatz (1.7.5) nicht möglich. Die Stetigkeit folgt aus der Monotonie wieder mit dem Satze von Darboux. □

Weiter zeigen wir nun für y:

(1.7.7) **Hilfssatz:** *Für* $x \in \mathrm{i}$ *gilt entweder*

$$x - g'(y'(x)) = 0$$

oder

y ist in x zweimal differenzierbar mit $y''(x) = 0$.

Beweis: Aus der Dgl (1.7.1) folgt mit $x, x + h \in i$

$$y(x + h) - y(x) = hy'(x) + (x + h)\big(y'(x + h) - y'(x)\big) - g\big(y'(x + h)\big) + g\big(y'(x)\big).$$

Mit einem $0 < \vartheta(h) < 1$ kann man wegen der Differenzierbarkeit von g und der Monotonie und Stetigkeit von y' also schreiben

$$y(x + h) - y(x) - hy'(x) = \big[x + h - g'\big(y'(x + \vartheta(h)\,h)\big)\big]\,\big(y'(x + h) - y'(x)\big).$$

Die linke Seite ist $o(h)$ für $h \to 0$. Die eckige Klammer hat den limes $x - g'\big(y'(x)\big)$. Ist also dieser $\neq 0$, so entsteht $y'(x + h) - y'(x) = o(h)$. Das aber gibt die Behauptung. □

Da $k := id_i - g' \circ y'$ stetig ist und nach Hilfssatz (1.7.7) in den Zusammenhangskomponenten von $k^{-1}(\mathbb{R} \setminus \{0\})$ y' konstant, also dort k differenzierbar und $k'(x) = 1$ ist, da andererseits $x - g'\big(y'(x)\big) = 0$ gerade $y'(x) = \varphi(x)$ und mit der Dgl $y(x) = h(x)$ bedeutet, folgt nun leicht

(1.7.8) **Satz:** *Wählt man beliebig*

$$\zeta_\nu \in i \qquad (\nu = 1, 2), \qquad \zeta_1 \leqq \zeta_2$$

und definiert

$$y_{\zeta_1,\zeta_2} : \mathbb{R} \to \mathbb{R}$$

durch

$$y_{\zeta_1,\zeta_2}(x) := \begin{cases} x\varphi(\zeta_1) - g\big(\varphi(\zeta_1)\big) & (-\infty < x \leqq \zeta_1), \\ h(x) & (x \in [\zeta_1, \zeta_2]), \\ x\varphi(\zeta_2) - g\big(\varphi(\zeta_2)\big) & (\zeta_2 \leqq x < +\infty), \end{cases}$$

so ist y_{ζ_1,ζ_2} *Lösung von* (1.7.1). *Aus diesen Lösungen erhält man sämtliche Lösungen von* (1.7.1) *durch Einschränkung auf Teilintervalle* i *von* $\mathbb{R}$.

Das besagt offenbar, daß sich sämtliche Lösungen aus Einschränkungen der linearen Lösungen und der singulären Lösung zusammensetzen lassen. Die linearen Lösungen stellen dabei die Tangentenschar der singulären Lösung dar.

Im folgenden soll abschließend der Zusammenhang zwischen der Funktion g in der Clairautschen Dgl (1.7.1) und der singulären Lösung h gemäß Satz (1.7.4) noch etwas genauer analysiert werden.

Dazu bezeichnen wir zunächst mit $\mathscr{F}$ die Menge aller reellen Funktionen, die auf einem (individuellen) kompakten Intervall positiver Länge in $\mathbb{R}$ erklärt und differenzierbar sind und dort eine streng monotone Ableitung haben. Kürzt man die in Satz (1.7.4) gegebene Zuordnung $g \mapsto h$ mit $h =: Ag$ ab, so zeigte dieser Satz:

$$A : \mathscr{F} \to \mathscr{F}.$$

Wir zeigen nun:

(1.7.9) **Satz:** *A ist Involution:* $A^2 = \mathrm{id}_{\mathscr{F}}$.

Beweis: Für $g \in \mathscr{F}$ mit

$$g : \mathfrak{j}' \to \mathbb{R}$$

bedeutete

$$Ag = h,$$

daß

$$h : \mathfrak{j} \to \mathbb{R}$$

mit

$$\mathfrak{j} = g'(\mathfrak{j}'), \qquad \varphi = g'^{-1}$$

und

$$(*) \qquad h(x) = x\varphi(x) - g(\varphi(x)) \qquad (x \in \mathfrak{j})$$

ist. Dann galt (Satz (1.7.4))

$$(**) \qquad h' = \varphi.$$

Setzt man nun

$$(***) \qquad \varphi^{-1} =: \psi,$$

so entsteht mit $x = \psi(t)$ aus $(*)$

$$g(t) = t\psi(t) - h(\psi(t)) \qquad (t \in \mathfrak{j}').$$

Da $(**)$, $(***)$ gerade

$$h'^{-1} = \psi$$

bedeutet, heißt dies

$$g = Ah.$$

Das ist die Behauptung. □

Satz (1.7.9) besagt in Worten: h ist genau dann singuläre Lösung der mit g gebildeten Clairautschen Dgl, wenn g singuläre Lösung der mit h gebildeten Clairautschen Dgl ist.

1.8 Die d'Alembertsche Dgl

Als d'Alembertsche Dgl wird

$$(1.8.1) \qquad y = f(y')\,x + g(y')$$

bezeichnet.

Eine vollständige Theorie hierfür wäre wesentlich umfangreicher als diejenige, die wir oben für die — speziellere — Clairautsche Dgl gaben. Die dort verwendeten Schlußweisen würden auch hier wesentlich herangezogen werden müssen. Wir beschränken uns hier auf die Behandlung einiger spezieller Fragen.

Zunächst ist unmittelbar zu sehen, daß für ein γ aus dem gemeinsamen Definitionsbereich von f und g mit

$$f(\gamma) = \gamma$$

die durch

$$y(x) = x\gamma + g(\gamma) \qquad (x \in \mathbb{R})$$

definierte Funktion eine geradlinige Lösung liefert.

Im folgenden wollen wir deren Auftreten gerade ausschließen und stärker voraussetzen

$$\text{(1.8.2)} \qquad \begin{aligned} &\mathfrak{i}' \quad \textit{Intervall} \quad \subset \mathbb{R}, \\ &f, g : \mathfrak{i}' \to \mathbb{R} \quad \textit{stetig differenzierbar}, \\ &f(t) \neq t \qquad (t \in \mathfrak{i}'). \end{aligned}$$

Wir fragen dann nach sämtlichen zweimal differenzierbaren Lösungen.

Sei zunächst y, definiert im Intervall $\mathfrak{i}$, eine solche Lösung von (1.8.1). Dann ergibt Differentiation der Dgl

$$(*) \qquad \big(f(y'(x)) - y'(x)\big) + \big(f'(y'(x))\,x + g'(y'(x))\big)\,y''(x) = 0.$$

Wegen $f(t) \neq t$ ist die erste Klammer $\neq 0$, also auch die zweite, so daß man sofort y als zweimal stetig differenzierbar und $y''(x) \neq 0$ in $\mathfrak{i}$ erkennt. Somit besitzt

$$y' : \mathfrak{i} \twoheadrightarrow \mathfrak{i}'_0 \subset \mathfrak{i}'$$

eine stetig differenzierbare Umkehrfunktion

$$y'^{-1} =: \psi : \mathfrak{i}'_0 \twoheadrightarrow \mathfrak{i},$$

für die

$$\psi'(t) = \frac{1}{y''(\psi(t))} \neq 0 \qquad (t \in \mathfrak{i}'_0)$$

gilt. Hierauf läßt sich offenbar (*) umschreiben zu

$$\text{(1.8.3)} \qquad \psi'(t) + \frac{f'(t)}{f(t) - t}\,\psi(t) + \frac{g'(t)}{f(t) - t} = 0 \qquad (t \in \mathfrak{i}'_0).$$

Dies ist eine lineare Dgl 1. Ordnung (vgl. 1.3).

Ist umgekehrt $\mathfrak{i}'_0$ ein Teilintervall von $\mathfrak{i}'$ und ψ eine dort definierte Lösung von (1.8.3) mit

$$\psi'(t) \neq 0 \qquad (t \in \mathfrak{i}'_0),$$

so hat mit $\psi(\mathfrak{i}'_0) =: \mathfrak{i}$

$$\psi : \mathfrak{i}'_0 \twoheadrightarrow \mathfrak{i} \subset \mathbb{R}$$

eine stetig differenzierbare Umkehrfunktion

$$\psi^{-1} : \mathrm{i} \twoheadrightarrow \mathrm{i}'_0.$$

Definiert man damit

$$y(x) := f(\psi^{-1}(x))\, x + g(\psi^{-1}(x)) \qquad (x \in \mathrm{i}), \tag{1.8.4}$$

so ist zunächst y stetig differenzierbar und man rechnet

$$y'(x) = f(\psi^{-1}(x)) + \big(f'(\psi^{-1}(x))\, x + g'(\psi^{-1}(x))\big)\, \psi^{-1\prime}(x).$$

Damit wird

$$y' \circ \psi = f + (f'\psi + g')\frac{1}{\psi'}.$$

Mit (1.8.3) aber wird dies zu

$$y' \circ \psi = f - (f - id_{\mathrm{i}'_0}) = id_{\mathrm{i}'_0}.$$

Man hat damit

$$y' = \psi^{-1}.$$

Dies zeigt, daß y zweimal stetig differenzierbare Lösung ist.

Auf diese Weise sind also alle zweimal differenzierbaren — und damit zweimal stetig differenzierbaren — Lösungen von (1.8.1) mit (1.8.2) bestimmt, indem man (1.8.3) löst und Lösungsintervalle mit $\psi'(t) \neq 0$ aufsucht.

2 Existenz-, Eindeutigkeits- und Abhängigkeitssätze

Während im Abschnitt 1 ganz spezielle Dgln 1. Ordnung für eine reelle Funktion und Methoden zur konkreten Bestimmung von deren Lösungen interessierten, sollen im folgenden zentralen Kapitel der Theorie der gewöhnlichen Dgln allgemeine Existenzsätze und Eindeutigkeitssätze für das Anfangswertproblem sowie Abhängigkeitssätze, z. B. bezüglich der Abhängigkeit der Lösungen von Anfangswerten und „Parametern", gewonnen werden.

Alle diese Sätze beziehen sich auf explizite Dgln oder DglSysteme (vgl. Einleitung 0). Hier zeigt man — wie wir unten genauer notieren werden — leicht, daß diese jeweils als explizite DglSysteme 1. Ordnung geschrieben werden können. Diese wiederum wird man — schon auch aus bezeichnungstechnischen Gründen — als explizite Dgln 1. Ordnung für eine Funktion mit Werten im $\mathbb{R}^n$ bzw. $\mathbb{C}^n$ $(n \in \mathbb{N})$ auffassen.

Die Beweise werden einfach und übersichtlich, indem man modern-analytische („funktionalanalytische") Notierungen und Methoden heranzieht. So wird deutlich, daß man die Koordinatenfunktionen und meist auch die Endlichkeit der Dimension nicht benötigt und statt $\mathbb{R}^n$ bzw. $\mathbb{C}^n$ mit den Eigenschaften eines (B)-Raumes (Banach-Raumes) auskommt.

Die wesentliche Idee zur Gewinnung von Existenzsätzen (und damit meist auch weiterer Aussagen) besteht darin, daß man eine Lösung eines Anfangswertproblems für eine explizite Dgl 1. Ordnung für (B)-Raum-wertige Funktionen als einen Fixpunkt einer bestimmten Abbildung auffaßt und geeignete allgemeine Fixpunktsätze heranzieht; hier insbesondere den Fixpunktsatz für (verallgemeinerte) Kontraktionen und den Fixpunktsatz von Schauder.

In diesem Sinne wird in 2.1 zunächst der Fixpunktsatz für (verallgemeinerte) Kontraktionen bereitgestellt. Die folgenden Abschnitte 2.2 bis 2.11 bringen dann die in den Bereich der Anwendung dieses Fixpunktsatzes fallende Theorie. Diese führen wir zunächst (2.2–2.7) für den — i. a. wesentlich schwierigeren — Fall der Dgln im Reellen durch und zeigen später (2.8–2.11), wie sich — meist mit Vereinfachungen — die entsprechenden Methoden und Resultate auf Dgln im Komplexen übertragen lassen. Bei der Übertragung beschränken wir uns auf die explizite Notierung derjenigen Resultate, für deren Herleitung spezifische Methoden der komplexen Funktionentheorie zu verwenden sind. Die Übertragung der übrigen Resultate (insbesondere von 2.4 und 2.6) kann in naheliegender Weise erfolgen.

Abschnitt 2.12 bezieht sich noch einmal speziell auf Dgln im Reellen für Funktionen mit Werten in einem endlich-dimensionalen (B)-Raum. Für diese wird unter Anwendung des zuvor zitierten Schauderschen Fixpunktsatzes — und damit unter entsprechend schwachen Voraussetzungen — ein Existenzsatz für das Anfangswertproblem bewiesen. Eine Eindeutigkeitsaussage erhält man dabei natürlich nicht.

Abschnitt 2.13 bringt schließlich die Behandlung der im Anschluß an 2.12 interessanten Eindeutigkeitsfragen.

Eine Übertragung der in 2.12 und 2.13 durchgeführten Untersuchungen auf Dgln im Komplexen erübrigt sich aufgrund der Überlegungen in 2.10.

2.1 Der Fixpunktsatz für (verallgemeinerte) Kontraktionen

Wir schicken zweckmäßig einige allgemeine Bemerkungen über Abbildungen voraus.

Sind $\mathfrak{M}_1, \mathfrak{M}_2$ nicht-leere Mengen, so heißt T *Abbildung aus* $\mathfrak{M}_1$ *in* $\mathfrak{M}_2$, wenn T ein *Graph in* $\mathfrak{M}_1 \times \mathfrak{M}_2$ ist, d. h., wenn $T \subset \mathfrak{M}_1 \times \mathfrak{M}_2$ mit der Eigenschaft ist, daß aus $(x, y_1) \in T$ und $(x, y_2) \in T$ folgt $y_1 = y_2$. Dabei ist bewußt $T = \emptyset$ zugelassen.

Statt $(x, y) \in T$ schreibt man dann auch sinnvoll $y = Tx$.

Die Projektionen von T auf $\mathfrak{M}_1$ bzw. $\mathfrak{M}_2$ werden als $\mathfrak{D}_T$ (Definitionsbereich; domain) bzw. $\mathfrak{R}_T$ (Bildbereich; range) bezeichnet. Offenbar gilt $T = \emptyset$ genau dann, wenn $\mathfrak{D}_T = \emptyset$ und genau dann, wenn $\mathfrak{R}_T = \emptyset$.

Wir schreiben auch

$$T\colon \mathfrak{D}_T \to \mathfrak{M}_2$$

und

$$T\colon \mathfrak{D}_T \twoheadrightarrow \mathfrak{R}_T.$$

Sind $\mathfrak{M}_1, \mathfrak{M}_2, \mathfrak{M}_3$ nicht-leere Mengen und ist

T *Abbildung aus* $\mathfrak{M}_2$ *in* $\mathfrak{M}_3$,

S *Abbildung aus* $\mathfrak{M}_1$ *in* $\mathfrak{M}_2$,

so wird $TS = T \circ S$ als Relationenprodukt, d. h. durch

$$TS := \{(x, z) \in \mathfrak{M}_1 \times \mathfrak{M}_3 : \exists\, y \in \mathfrak{M}_2\ (x, y) \in S \wedge (y, z) \in T\}$$

erklärt. Offenbar ist dies wieder Abbildung mit

$$\mathfrak{D}_{TS} = \{x \in \mathfrak{M}_1 : x \in \mathfrak{D}_S \wedge Sx \in \mathfrak{D}_T\}$$

und

$$(TS)\,x = T(Sx) \qquad (x \in \mathfrak{D}_{TS}).$$

Diese Komposition erweist sich leicht als assoziativ.

Seien jetzt $(\mathfrak{M}_1, \delta_1)$ und $(\mathfrak{M}_2, \delta_2)$ metrische Räume und T Abbildung aus $\mathfrak{M}_1$ in $\mathfrak{M}_2$. Dann definieren wir $\|T\| \in [0, \infty]$ als das infimum der Menge der $\alpha \in [0, \infty)$ mit

$$(x, y) \in \mathfrak{D}_T^2 \Rightarrow \delta_2(Tx, Ty) \leqq \alpha\delta_1(x, y),$$

falls diese Menge nicht leer ist, sonst als ∞.

Ist $\|T\| < \infty$, so heißt T *beschränkt*. In diesem Falle ist das infimum offenbar auch minimum; man hat also

$$\delta_2(Tx, Ty) \leqq \|T\| \, \delta_1(x, y).$$

Aus der Beschränktheit folgt unmittelbar die gleichmäßige Stetigkeit.

Offenbar gilt $\|T\| = 0$ genau dann, wenn $\mathfrak{R}_T$ höchstens einpunktig ist.

Wir benötigen nun

(2.1.1) **Hilfssatz:** *Seien* $(\mathfrak{M}_\nu, \delta_\nu)$ *metrische Räume* $(\nu = 1, 2, 3)$,

T *Abbildung aus* $\mathfrak{M}_2$ *in* $\mathfrak{M}_3$,

S *Abbildung aus* $\mathfrak{M}_1$ *in* $\mathfrak{M}_2$.

Dann gilt stets

$$\|TS\| \leqq \|T\| \cdot \|S\|,$$

wobei für $0 < a \leqq \infty$ $a \cdot \infty = \infty \cdot a = \infty$ *und* $0 \cdot \infty = \infty \cdot 0 = 0$ *interpretiert werden soll.*

Ist $\|T\| = 0$ oder $\|S\| = 0$, so ist offenbar $\mathfrak{R}_{TS}$ höchstens einpunktig, also gilt dann $\|TS\| = 0$ und die Behauptung. Da andernfalls rechts ∞ steht und die Behauptung wieder trivial wäre, genügt nun die Betrachtung von

$$0 < \|T\| < \infty, \qquad 0 < \|S\| < \infty.$$

Hier rechnet man für $x, y \in \mathfrak{D}_{TS}$

$$\delta_3((TS)\,x, (TS)\,y) \leqq \|T\| \, \delta_2(Sx, Sy) \leqq \|T\| \, \|S\| \, \delta_1(x, y)$$

und erhält nach Definition von $\|TS\|$ die Behauptung. □

Wir zeigen weiter

(2.1.2) **Hilfssatz:** *Ist* $(\mathfrak{M}, \delta)$ *metrischer Raum und* T *Abbildung aus* $\mathfrak{M}$ *in* $\mathfrak{M}$, *so gilt*

$$\sum_{n=0}^{\infty} \|T^n\| < \infty$$

genau dann, wenn $\|T\| < \infty$ *gilt und ein* $m \in \mathbb{N}$ *mit* $\|T^m\| < 1$ *existiert.*

Eine solche Abbildung nennen wir eine (*verallgemeinerte*) *Kontraktion*. Natürlich ist

$$T^0 = \mathrm{id}_{\mathfrak{M}}, \qquad T^n = TT^{n-1} \qquad (n \in \mathbb{N})$$

gemeint.

Trivial ist, daß die letzten Aussagen gelten, wenn die Reihensumme endlich ist. Für die Umkehrung wählt man zu $n \in \mathbb{N}$ ein $k \in \mathbb{N}$ mit

$$n \leqq km - 1$$

und rechnet mit

$$\nu = \kappa m + \mu \qquad (\kappa \in \mathbb{N}_0;\ \mu \in \{0, 1, \ldots, m-1\})$$

unter Benutzung der Assoziativität und des Hilfssatzes (2.1.1)

$$\sum_{\nu=0}^{n} \|T^\nu\| \leqq \sum_{\nu=0}^{km-1} \|T^\nu\| = \sum_{\kappa=0}^{k-1}\left(\sum_{\mu=0}^{m-1} \|T^{\kappa m+\mu}\|\right) \leqq$$

$$\leqq \sum_{\kappa=0}^{k-1}\left(\sum_{\mu=0}^{m-1} \|T^m\|^\kappa \|T\|^\mu\right) \leqq \left(\sum_{\kappa=0}^{\infty} \|T^m\|^\kappa\right)\left(\sum_{\mu=0}^{m-1} \|T\|^\mu\right) < \infty. \quad \square$$

Nun können wir den Fixpunktsatz für (verallgemeinerte) Kontraktionen in geeigneter Form formulieren und beweisen.

(2.1.3) **Satz:**
Voraussetzungen: *Sei*

$(\mathfrak{M}, \delta)$ *vollständiger metrischer Raum,*

T *Abbildung aus* $\mathfrak{M}$ *in* $\mathfrak{M}$,

$\mathfrak{D}_T$ *abgeschlossen,*

$$\sum_{n=1}^{\infty} \|T^n\| < \infty,$$

und

$$(*) \qquad \bigcap_{n=1}^{\infty} \mathfrak{D}_{T^n} \neq \emptyset.$$

Behauptung: *Es gibt genau ein* $\hat{x} \in \mathfrak{D}_T$ *mit*

$$T\hat{x} = \hat{x};$$

für jedes

$$y_0 \in \bigcap_{n=1}^{\infty} \mathfrak{D}_{T^n}$$

gilt

$$T^n y_0 \to \hat{x} \qquad (n \to \infty).$$

Zusatz: (*) *ist sicher erfüllt, wenn eine der folgenden Eigenschaften gilt:*

(a) $\mathfrak{D}_T = \mathfrak{M}$;

(b) *Es gibt ein* $x_0 \in \mathfrak{M}$ *und ein* r *mit* $0 < r < \infty$, *so daß*

$$\{x : \delta(x, x_0) \leqq r\} \subset \mathfrak{D}_T$$

und

$$\delta(x_0, Tx_0) \cdot \sum_{n=0}^{\infty} \|T^n\| \leqq r$$

gilt.

Beweis des Satzes: Sei gemäß (*)

$$x_0 \in \bigcap_{n=1}^{\infty} \mathfrak{D}_{T^n}.$$

Wir setzen dann

$$x_n := T^n x_0 \qquad (n \in \mathbb{N})$$

und zeigen zunächst:

(α) *Es gibt ein* $\hat{x} \in \mathfrak{D}_T$ *mit* $x_n \to \hat{x}$.

Dazu schätzt man für $n < m$

$$\begin{aligned}\delta(x_n, x_m) &\leqq \delta(x_n, x_{n+1}) + \delta(x_{n+1}, x_{n+2}) + \dots + \delta(x_{m-1}, x_m) = \\ &= \delta(T^n x_0, T^n x_1) + \delta(T^{n+1} x_0, T^{n+1} x_1) + \dots + \delta(T^{m-1} x_0, T^{m-1} x_1) \leqq \\ &\leqq \sum_{\nu=n}^{m-1} \|T^\nu\| \cdot \delta(x_0, x_1)\end{aligned}$$

ab und erkennt $\{x_n\}$ als Cauchyfolge. Da $(\mathfrak{M}, \delta)$ vollständig ist, existiert der limes $\hat{x}$ in $\mathfrak{M}$. Dieser gehört wegen der Abgeschlossenheit von $\mathfrak{D}_T$ zu $\mathfrak{D}_T$.

Nun zeigt man leicht

(β) $$T\hat{x} = \hat{x}.$$

Man bemerkt nämlich, daß $\{Tx_n\} = \{x_{n+1}\}$ einerseits als Teilfolge den limes $\hat{x}$ und andererseits wegen der aus $\|T\| < \infty$ folgenden Stetigkeit von T den limes $T\hat{x}$ besitzt.

Weiter weist man

(γ) $$T\hat{y} = \hat{y} \in \mathfrak{D}_T \Rightarrow \hat{y} = \hat{x}$$

nach.

Dies folgt mit $T^m \hat{y} = \hat{y}$, $T^m \hat{x} = \hat{x}$ aus

$$\delta(\hat{x}, \hat{y}) \leqq \|T^m\| \, \delta(\hat{x}, \hat{y}),$$

wenn man m mit $\|T^m\| < 1$ wählt.

Wegen der Willkür der Auswahl von $x_0 \in \bigcap_{n=1}^{\infty} \mathfrak{D}_{T^n}$ und (γ) folgt damit die volle Behauptung des Satzes.

Beweis des Zusatzes: Der Fall (a) ist trivial. Für (b) zeigen wir

$$x_0 \in \mathfrak{D}_{T^n} \qquad (n \in \mathbb{N})$$

durch Induktion. Dies trifft zunächst für $n = 1$ offenbar zu. Ist dann

$$x_0 \in \mathfrak{D}_{T^k}$$

für ein $k \in \mathbb{N}$, so schätzt man

$$\begin{aligned}\delta(x_0, T^k x_0) &\leqq \delta(x_0, Tx_0) + \delta(Tx_0, T^2 x_0) + \dots + \delta(T^{k-1} x_0, T^k x_0) \leqq \\ &\leqq \sum_{\kappa=0}^{k-1} \|T^\kappa\| \cdot \delta(x_0, Tx_0) \leqq r\end{aligned}$$

ab und hat damit $T^k x_0 \in \mathfrak{D}_T$, also

$$x_0 \in \mathfrak{D}_{T^{k+1}}.$$

2.2 Stetige Funktionen mit Werten in (B)-Räumen

Zur Vorbereitung der Behandlung gewöhnlicher Dgln für (B)-Raum-wertige Funktionen notieren wir im folgenden einige Grundtatsachen über Funktionen einer reellen Variablen mit Werten in einem (B)-Raum. Die betreffenden Definitionen und Beweise sehen wir als bekannt an.

Sei zunächst $\mathfrak{i}$ ein Intervall in $\mathbb{R}$ (positiver Länge) und $\mathfrak{R}$ ein (B)-Raum über $\mathbb{R}$ oder $\mathbb{C}$. Dann bezeichne

$$\mathscr{C}_0(\mathfrak{i}, \mathfrak{R})$$

die Menge der auf $\mathfrak{i}$ definierten stetigen Funktionen mit Werten in $\mathfrak{R}$; entsprechend bezeichne

$$\mathscr{C}_1(\mathfrak{i}, \mathfrak{R})$$

die Menge der stetig differenzierbaren $\mathfrak{R}$-wertigen Funktionen.

Für $y \in \mathscr{C}_0(\mathfrak{i}, \mathfrak{R})$ und $\alpha \in \mathfrak{i}$, $\beta \in \mathfrak{i}$ sei das Integral

$$\int_\alpha^\beta y(x)\, dx \in \mathfrak{R},$$

wie üblich als Integral von Regelfunktionen (mit der bekannten Verabredung über gleiche und vertauschte Integrationsgrenzen) definiert. Man hat neben der Linearität in y die Integralabschätzungen

$$\left|\int_\alpha^\beta y(x)\, dx\right| \leqq \left|\int_\alpha^\beta |y(x)|\, dx\right| \leqq \max_{x \in [\alpha, \beta]} |y(x)| \cdot |\beta - \alpha|. \tag{2.2.1}$$

Den elementaren Zusammenhang zwischen Integration und Differentiation liefert

(2.2.2) **Satz:** *Sei* $\mathfrak{i}$ *ein Intervall in* $\mathbb{R}$, $g \in \mathscr{C}_0(\mathfrak{i}, \mathfrak{R})$, $b \in \mathfrak{R}$, $a \in \mathfrak{i}$ *und* h *eine auf* $\mathfrak{i}$ *erklärte* $\mathfrak{R}$*-wertige Funktion.*

Dann sind die folgenden Aussagen (1), (2) *äquivalent:*

(1) *Für* $x \in \mathfrak{i}$ *gilt*

$$h(x) = b + \int_a^x g(t)\, dt.$$

(2) *Es gilt* $h \in \mathscr{C}_1(\mathfrak{i}, \mathfrak{R})$ *und*

$$h' = g, \qquad h(a) = b.$$

Es sei nun im folgenden $\mathfrak{i}$ ein kompaktes Intervall in $\mathbb{R}$.

Definiert man dann in $\mathscr{C}_0(\mathfrak{i}, \mathfrak{R})$ die Operation + und die Multiplikation mit

Skalaren — wie üblich — punktweise und erklärt für $y \in \mathscr{C}_0(\mathrm{i}, \mathfrak{R})$

$$|y| := \max_{x \in \mathrm{i}} |y(x)|, \tag{2.2.3}$$

so gilt:

(2.2.4) **Satz:** $(\mathscr{C}_0(\mathrm{i}, \mathfrak{R}), +, \cdot, |\ |)$ *ist* (B)*-Raum.*

Wir erinnern daran, daß hierbei die Vollständigkeit dem bekannten Satz von Weierstrass über gleichmäßige limites stetiger Funktionen entspricht.

Mit

$$\delta(y, z) := |y - z| = \max_{x \in \mathrm{i}} |y(x) - z(x)|$$

wird damit

$$(\mathscr{C}_0(\mathrm{i}, \mathfrak{R}), \delta)$$

ein vollständiger metrischer Raum.

2.3 Reelle Dgln in (B)-Räumen

Im folgenden soll nun der in 2.1 bereitgestellte Fixpunktsatz für (verallgemeinerte) Kontraktionen auf entsprechend den Notierungen von 2.2 gebildete Dgln

$$y' = f(x, y)$$

mit einer Anfangsbedingung

$$y(a) = b$$

angewendet werden. Dabei muß offenbar f geeignet innerhalb $\mathbb{R} \times \mathfrak{R}$ mit Werten in $\mathfrak{R}$ definiert sein.

Die Voraussetzungen des folgenden Hauptsatzes sind nun gerade so gewählt, daß zunächst das Anfangswertproblem mit Hilfe von Satz (2.2.2) in Integralform geschrieben werden kann und daß bei deren Auffassung als Fixpunktgleichung die Bedingungen von Satz (2.1.3) gegeben sind.

(2.3.1) **Hauptsatz:**

Voraussetzungen:

(0) $\mathfrak{R}$ *sei* (B)*-Raum,* i *kompaktes Intervall in* $\mathbb{R}$, $a \in \mathrm{i}$,
$A := \max_{x \in \mathrm{i}} |x - a| \; (> 0)$, $b \in \mathfrak{R}$, $g \in \mathscr{C}_0(\mathrm{i}, \mathfrak{R})$, $0 < B \leqq \infty$
und hiermit
$R := \{(x, y) \in \mathbb{R} \times \mathfrak{R} : x \in \mathrm{i}, |y - g(x)| \leqq B\}$.

(1) f *sei stetige Abbildung von* R *in* $\mathfrak{R}$*; es bezeichne*

$$M := \sup_{(x,y) \in R} |f(x, y)|.$$

(2) *Es existiere eine nicht-negative reelle Zahl* N, *so daß für* $(x, y_1) \in R$ *und* $(x, y_2) \in R$ *immer*

$$|f(x, y_1) - f(x, y_2)| \leqq N |y_1 - y_2|$$

gilt.

(3) *Es gelte entweder*

(3a) $AM + \max_{x \in \mathrm{i}} |g(x) - b| \leqq B$

oder

(3b) $\max_{x \in \mathrm{i}} \left| b + \int_a^x f(t, g(t))\, dt - g(x) \right| \cdot \exp(NA) \leqq B.$

Behauptung: *Es gibt genau ein* $y \in \mathscr{C}_1(\mathrm{i}, \mathfrak{R})$ *mit*

$$\left.\begin{aligned} &y(a) = b, \\ &(x, y(x)) \in R, \\ &y'(x) = f(x, y(x)) \end{aligned}\right\} \quad (x \in \mathrm{i})$$

Beweis: Wegen der vorausgesetzten Stetigkeit von f ist die Behauptung nach Satz (2.2.2) äquivalent zur eindeutigen Existenz eines $y \in \mathscr{C}_0(\mathrm{i}, \mathfrak{R})$ mit

$$\left.\begin{aligned} &(x, y(x)) \in R, \\ &y(x) = b + \int_a^x f(t, y(t))\, dt \end{aligned}\right\} \quad (x \in \mathrm{i}).$$

Um nun hierauf den Fixpunktsatz Satz (2.1.3) anwenden zu können, identifizieren wir

$$(\mathfrak{M}, \delta) = (\mathscr{C}_0(\mathrm{i}, \mathfrak{R}), \delta).$$

Dies ist gemäß 2.2 vollständiger metrischer Raum. Wir wählen ferner

$$\mathfrak{D}_T = \{ y \in \mathscr{C}_0(\mathrm{i}, \mathfrak{R}) : \delta(y, g) \leqq B \};$$

$y \in \mathfrak{D}_T$ bedeutet danach gerade $(x, y(x)) \in R$ für $x \in \mathrm{i}$. $\mathfrak{D}_T$ ist offenbar nicht-leere abgeschlossene Teilmenge von $(\mathfrak{M}, \delta)$. Für $y \in \mathfrak{D}_T$ wird nun Ty durch

$$(Ty)(x) := b + \int_a^x f(t, y(t))\, dt \qquad (x \in \mathrm{i})$$

definiert. Das ist möglich, weil der Integrand wegen $(t, y(t)) \in R$ definiert und aufgrund der Stetigkeit von f und y stetig in $t \in \mathrm{i}$ ist. Nach Satz (2.2.2) gilt

$$Ty \in \mathscr{C}_1(\mathrm{i}, \mathfrak{R}) \subset \mathscr{C}_0(\mathrm{i}, \mathfrak{R}).$$

Man hat also

$$T : \mathfrak{D}_T \to \mathfrak{M}.$$

Weiter benötigen wir nun offenbar eine Abschätzung für $\|T^n\|$ $(n \in \mathbb{N})$.

Dazu zeigen wir durch Induktion nach $n \in \mathbb{N}_0$ zunächst die Zwischenbehauptung:

Mit $y_1, y_2 \in \mathfrak{D}_{T^n}$ gilt für $x \in \mathfrak{i}$

$$|(T^n y_1)(x) - (T^n y_2)(x)| \leqq \frac{N^n |x - a|^n}{n!} \delta(y_1, y_2).$$

Dies trifft zunächst für $n = 0$ zu. Zum Schluß von n auf $n + 1$ rechnet man mit $T^{n+1} = TT^n$ für $y_1, y_2 \in \mathfrak{D}_{T^{n+1}}$

$$|(TT^n y_1)(x) - (TT^n y_2)(x)| = \left| \int_a^x (f(t, (T^n y_1)(t)) - f(t, (T^n y_2)(t)))\, dt \right| \leqq$$

$$\leqq \left| \int_a^x |f(t, (T^n y_1)(t)) - f(t, (T^n y_2)(t))|\, dt \right|.$$

Dies kann nun mit der Voraussetzung (2) und der Induktionsannahme weiter abgeschätzt werden:

$$\leqq N \left| \int_a^x |(T^n y_1)(t) - (T^n y_2)(t)|\, dt \right| \leqq$$

$$\leqq N^{n+1} \left| \int_a^x \frac{|t - a|^n}{n!} dt \right| \cdot \delta(y_1, y_2) \leqq$$

$$\leqq \frac{N^{n+1} |x - a|^{n+1}}{(n+1)!} \delta(y_1, y_2),$$

was für die Zwischenbehauptung zu zeigen war.

Geht man in der Zwischenbehauptung zum Maximum für $x \in \mathfrak{i}$ über, so entsteht

$$\delta(T^n y_1, T^n y_2) \leqq \frac{(NA)^n}{n!} \delta(y_1, y_2) \qquad (y_1, y_2 \in \mathfrak{D}_{T^n}).$$

Das aber gibt

$$\|T^n\| \leqq \frac{(NA)^n}{n!}$$

und damit

$$(\times) \qquad \sum_{n=0}^{\infty} \|T^n\| \leqq \exp(NA) < \infty.$$

So ist eine weitere Voraussetzung des Kontraktionssatzes erfüllt.

Es bleibt der Nachweis der Voraussetzung (*) von Satz (2.1.3), den wir nun getrennt für die Annahmen (3a) oder (3b) führen.

Im Falle (3a) ergibt für $y \in \mathfrak{D}_T$ die Abschätzung

$$|(Ty)(x) - g(x)| \leqq \left| \int_a^x f(t, y(t))\, dt \right| + |g(x) - b| \leqq$$
$$\leqq M|x - a| + |g(x) - b| \leqq MA + \max_{x \in \mathfrak{i}} |g(x) - b| \leqq B$$

gerade

$$T\mathfrak{D}_T \subset \mathfrak{D}_T,$$

also

$$\mathfrak{D}_{T^n} = \mathfrak{D}_T \qquad (n \in \mathbb{N}).$$

Im Falle (3b) verifiziert man die für (*) hinreichende Bedingung (b) des Zusatzes zu Satz (2.1.3). Man identifiziert $g = x_0$ und $B = r$. Da (3b) in der Form

$$\delta(g, Tg) \exp(NA) \leqq B$$

geschrieben werden kann, erhält man mit (×) gerade die genannte Bedingung (b).

2.4 Dgln und DglSysteme höherer Ordnung

Im folgenden wollen wir, um die Bedeutung des Hauptsatzes (2.3.1) im Konkreten klar zu machen, zunächst einmal den in der Einleitung zu 2 gemachten Schritt vom $\mathbb{R}^n$ zu einem (B)-Raum $\mathfrak{R}$ rückwärts tun und einen Spezialfall des Hauptsatzes ausführlich für ein reelles DglSystem 1. Ordnung

$$\eta'_\nu = f_\nu(x, \eta_1, \eta_2, \dots, \eta_n) \qquad (\nu = 1, \dots, n)$$

aufschreiben.

Wir wählen dazu den Spezialfall

$$g(x) := b \qquad (x \in \mathfrak{i})$$

mit der Bedingung (3a).

Für den $\mathbb{R}^n$ sei die Norm durch

$$|(\alpha_\nu)_{\nu=1}^n| := \max_{\nu=1}^{n} |\alpha_\nu|$$

erklärt. Diese Wahl der Norm ist natürlich willkürlich. Wir erinnern jedoch daran, daß im $\mathbb{R}^n$ alle Normen äquivalent sind. Eine andere Norm würde nur zu veränderten Abschätzungen und anderem Existenzintervall führen.

Unser Satz sieht dann so aus:

(2.4.1) **Satz:**
Voraussetzungen:
(0) $\mathfrak{i}$ *sei kompaktes Intervall in* $\mathbb{R}$,
$a \in \mathfrak{i}$, $A := \max_{x \in \mathfrak{i}} |x - a| (> 0)$,

$\beta_\nu \in \mathbb{R} \qquad (\nu = 1, 2, \ldots, n), \qquad 0 < B \leqq \infty$

und

$R := \{z = (\zeta_\nu)_{\nu=0}^n \in \mathbb{R}^{n+1} : \zeta_0 \in \mathrm{i}, \max_{\nu=1}^{n} |\zeta_\nu - \beta_\nu| \leqq B\}.$

(1) *Für* $\nu = 1, 2, \ldots, n$ *seien* f_ν *in* R *definierte stetige reelle Funktionen; es bezeichne*

$$M_\nu := \sup_{z \in R} |f_\nu(z)|.$$

(2) *Für* $\nu = 1, 2, \ldots, n$ *gebe es* N_ν *mit* $0 \leqq N_\nu < \infty$, *so daß für* $(x, \zeta_1^{(1)}, \ldots, \zeta_n^{(1)}) \in R$ *und* $(x, \zeta_1^{(2)}, \ldots, \zeta_n^{(2)}) \in R$ *stets gilt*

$$|f_\nu(x, \zeta_1^{(1)}, \ldots, \zeta_n^{(1)}) - f_\nu(x, \zeta_1^{(2)}, \ldots, \zeta_n^{(2)})| \leqq N_\nu \max_{\mu=1}^{n} |\zeta_\mu^{(1)} - \zeta_\mu^{(2)}|.$$

(3) *Mit* $M = \max_{\nu=1}^{n} M_\nu$ *gelte*

$$AM \leqq B.$$

Behauptung: *Es existieren eindeutig* n *auf* i *definierte stetig differenzierbare Funktionen* η_ν $(\nu = 1, 2, \ldots, n)$ *mit*

$$\left.\begin{aligned} &\eta_\nu(a) = \beta_\nu, \\ &|\eta_\nu(x) - \beta_\nu| \leqq B, \\ &\eta'_\nu(x) = f_\nu(x, \eta_1(x), \ldots, \eta_n(x)) \end{aligned}\right\} \quad (x \in \mathrm{i}) \qquad (\nu = 1, 2, \ldots, n).$$

Weiter wollen wir nun notieren, wie eine explizite gewöhnliche Dgl n-ter Ordnung für eine reelle Funktion als explizites System 1. Ordnung im $\mathbb{R}^n$ aufgefaßt werden kann.

Hat man nämlich die Dgl

$$\eta^{(n)} = \varphi(x, \eta, \eta', \ldots, \eta^{(n-1)}),$$

so wird diese mit

$$\eta_\nu = \eta^{(\nu-1)} \qquad (\nu = 1, 2, \ldots, n)$$

äquivalent zum DglSystem

$$\begin{aligned} \eta'_1 &= \eta_2, \\ \eta'_2 &= \eta_3, \\ &\vdots \\ \eta'_{n-1} &= \eta_n, \\ \eta'_n &= \varphi(x, \eta_1, \ldots, \eta_n). \end{aligned}$$

Man sieht nun unmittelbar, welche Voraussetzungen an φ das Erfülltsein der Voraussetzungen von Satz (2.4.1) nach sich ziehen.

Man wird neben (0) verlangen, daß φ eine in R reelle stetige Funktion ist und

$$M_\nu = |\beta_{\nu+1}| + B \qquad (\nu = 1, 2, \ldots, n-1),$$
$$M_n = \sup_{z \in R} |\varphi(z)|$$

setzen. Für die entsprechenden f_ν ist dann die Voraussetzung (1) gegeben. Bezüglich (2) genügt eine entsprechende Forderung

$$|\varphi(x, \zeta_1^{(1)}, \ldots, \zeta_n^{(1)}) - \varphi(x, \zeta_1^{(2)}, \ldots, \zeta_n^{(2)})| \leqq N_n \max_{\nu=1}^{n} |\zeta_\nu^{(1)} - \zeta_\nu^{(2)}|$$

mit $0 \leqq N_n < \infty$. Für $\nu = 1, 2, \ldots, n-1$ kann

$$N_\nu = 1$$

gewählt werden. Schließlich ist (3) zu fordern.

Was die Behauptung von Satz (2.4.1) dann für die Dgl n-ter Ordnung bedeutet, ist unmittelbar einzusehen.

Explizite Systeme von Dgln höherer Ordnung wird man ganz analog behandeln und auf Systeme 1. Ordnung zurückführen. Wir erläutern dies am Beispiel

$$u'' = \varphi(x, u, u', v, v', v''),$$
$$v''' = \psi(x, u, u', v, v', v'').$$

Dies System ist mit

$$\eta_1 = u\,,$$
$$\eta_2 = u',$$
$$\eta_3 = v\,,$$
$$\eta_4 = v',$$
$$\eta_5 = v'',$$

zu

$$\eta_1' = \eta_2\,,$$
$$\eta_2' = \varphi(x, \eta_1, \ldots, \eta_5),$$
$$\eta_3' = \eta_4\,,$$
$$\eta_4' = \eta_5\,,$$
$$\eta_5' = \psi(x, \eta_1, \ldots, \eta_5)$$

äquivalent. Natürliches Anfangswertproblem ist also hier die Vorgabe der Werte von u, u', v, v', v'' an einer Stelle a.

In ähnlicher Weise wird man allgemeiner Dgln höherer Ordnung für Funktionen mit Werten in einem (B)-Raum und Systeme von Dgln höherer Ordnung für Funktionen mit Werten in verschiedenen (B)-Räumen behandeln und auf entsprechende Systeme 1. Ordnung zurückführen. Indem man zum entsprechenden Produkt-(B)-Raum übergeht, hat man wieder die Einordnung in den Hauptsatz (2.3.1).

2.5 Zur Lipschitz-Bedingung

Während alle übrigen Voraussetzungen des Hauptsatzes (2.3.1) meist leicht nachprüfbar oder geeignet erfüllbar sind, ist die *Lipschitz-Bedingung* (2) etwas problematischer.

Wir geben im folgenden eine in vielen Fällen anwendbare hinreichende Bedingung für das Erfülltsein von (2).

(2.5.1) **Hilfssatz:** *Es seien die Voraussetzungen* (0) *des Hauptsatzes* (2.3.1) *gegeben.*

Ferner sei f in R nach der zweiten Variablen y partiell differenzierbar und die partielle Ableitung in R beschränkt:

$$|f_y(x, y)| \leqq N < \infty \qquad ((x, y) \in R).$$

Dann gilt die Lipschitz-Bedingung (2).

Wir bemerken, daß hier f_y eine in R erklärte Abbildung mit Werten in den beschränkten linearen Abbildungen von $\mathfrak{R}$ in sich ist; entsprechend ist oben die Norm zu verstehen.

Zum *Beweis* beachtet man, daß für jedes $x \in i$

$$\{y : |y - g(x)| \leqq B\}$$

konvex ist. Damit gibt es bekanntlich zu y_1 und y_2 aus dieser Menge ein y_{12} auf deren Verbindungsstrecke mit

$$|f(x, y_1) - f(x, y_2)| \leqq |f_y(x, y_{12})|\,|y_1 - y_2|.$$

Daraus ist die Behauptung ablesbar. □

Dieser Hilfssatz wird besonders bequem anwendbar, wenn $\mathfrak{R}$ endlich-dimensional, $B < \infty$ und f_y in R stetig ist. Dann ist nämlich R kompakt, also f_y in R beschränkt.

2.6 Fehlerabschätzungen, Defektabschätzungen, Abhängigkeitssätze

Wir knüpfen im folgenden an 2.3 an und nehmen durchweg an, daß die Voraussetzungen (0), (1), (2) und (3b) des Hauptsatzes gegeben seien. Unser Ziel ist die Herleitung von Fehlerabschätzungen und verwandten spezielleren Aussagen.

Die Herleitung beruht zunächst auf den folgenden beiden einfachen Bemerkungen:

1. *Die Voraussetzungen* (0), (1), (2), (3b) *bleiben bei Verkleinerung von $i \ni a$ und damit von R gültig. Dabei verkleinern sich möglicherweise nur A, M und N.*

2. *Die Voraussetzungen* (0), (1), (2), (3b) *bleiben gültig, wenn man B (höchstens verkleinernd) als die linke Seite von* (3b) *wählt. Hierbei verkleinern sich möglicherweise höchstens R, M und N.*

Sei nun $x \in \mathfrak{i}$.

Dann betrachte man das kleinste a und x enthaltende kompakte Intervall $[a, x] = [x, a]$ und verfahre hierfür gemäß Bemerkung 2.

Daraus ergibt sich unmittelbar die Abschätzung

$$(2.6.1) \quad |y(x) - g(x)| \leqq \max_{t \in [a,x]} \left| g(t) - b - \int_a^t f(\tau, g(\tau))\, d\tau \right| \cdot \exp(N|x - a|) \quad (x \in \mathfrak{i}).$$

Dies kann man als *Fehlerabschätzung* auffassen, die etwas über die Abweichung der exakten Lösung y von g aussagt, für den Fall, daß g die dem Anfangswertproblem äquivalente Integralgleichung näherungsweise erfüllt. Wir wollen dies im speziellen Falle, daß sogar

$$g \in \mathscr{C}_1(\mathfrak{i}, \mathfrak{R})$$

gilt, noch näher interpretieren. In diesem Falle hat man

$$g'(x) = f(x, g(x)) + d_1(x) \qquad (x \in \mathfrak{i}),$$
$$g(a) = b + d_2$$

mit bestimmten $d_1 \in \mathscr{C}_0(\mathfrak{i}, \mathfrak{R})$, $d_2 \in \mathfrak{R}$, die wir als die Defekte von g bezüglich des Anfangswertproblems bezeichnen können. Hierfür ergibt (2.6.1) unmittelbar die *Defektabschätzung*

$$(2.6.2) \qquad |y(x) - g(x)| \leqq \max_{t \in [a,x]} \left| d_2 + \int_a^t d_1(\tau)\, d\tau \right| \cdot \exp(N|x - a|) \qquad (x \in \mathfrak{i}).$$

Dies läßt sich nun noch weiter interpretieren für den Fall, daß man g als Lösung einer „benachbarten" Dgl zu „benachbarter" Anfangsbedingung auffaßt.

Wir bezeichnen dazu

$$G := \{(x, g(x)) : x \in \mathfrak{i}\};$$

dies ist eine kompakte Teilmenge von R. Dann werde zusätzlich angenommen

$$(2.6.3) \qquad \begin{aligned} &f_1 : G \to \mathfrak{R} \quad \textit{stetig}, \\ &a_1 \in \mathfrak{i}, \qquad b_1 \in \mathfrak{R}. \end{aligned}$$

Hiermit habe man

$$(2.6.4) \qquad \begin{aligned} &g'(x) = f_1(x, g(x)) \qquad (x \in \mathfrak{i}), \\ &g(a_1) = b_1. \end{aligned}$$

Benutzt man dann

$$(2.6.5)\qquad \begin{aligned} P &:= \max_{z\in G} |f(z)|, \\ P_1 &:= \max_{z\in G} |f_1(z)|, \\ Q &:= \max_{z\in G} |f(z)-f_1(z)|, \end{aligned}$$

so kann man mit

$$d_1(x) = f_1(x, g(x)) - f(x, g(x)) \qquad (x \in \mathfrak{i})$$

und

$$d_2 = b_1 - b + \int_{a_1}^{a} f_1(t, g(t))\, dt$$

die rechte Seite von (2.6.2) weiter abschätzen. Man erhält

$$(2.6.6)\qquad |y(x)-g(x)| \leqq (|b_1-b| + P_1|a_1-a| + Q|x-a|)\exp(N|x-a|) \qquad (x \in \mathfrak{i})$$

wobei man noch mit

$$(2.6.7)\qquad P_1 \leqq P + Q$$

vergröbern kann.

Die Formel (2.6.6) kann man als Aussage über die *Abhängigkeit der Lösungen von Anfangswerten und* — die Veränderung von f_1 zu f bewirkenden — „*Parametern*" auffassen.

Wir spezialisieren schließlich noch auf den Fall

$$f_1 = f|_G,$$

nehmen also g als Lösung derselben Dgl zu anderen Anfangswerten an. Dann wird (2.6.6) zu

$$(2.6.8)\qquad |y(x)-g(x)| \leqq (|b_1-b| + P|a_1-a|)\exp(N|x-a|) \qquad (x \in \mathfrak{i}).$$

Wir bemerken in diesem Zusammenhang noch, daß

$$(2.6.9)\qquad P \leqq M \leqq P + NB$$

gilt.

2.7 Lösungen im Großen

Im folgenden nehmen wir an:

$\mathfrak{R}$ sei (B)-Raum,
$\mathfrak{G}$ Gebiet im $\mathbb{R} \times \mathfrak{R}$;
f sei stetige Abbildung von $\mathfrak{G}$ in $\mathfrak{R}$ und genüge einer „lokalen Lipschitz-Bedingung".

Das letztere soll bedeuten:

Zu jedem Punkt $(a, b) \in \mathfrak{G}$ *gibt es Konstanten* A, B, N *mit*

$$0 < A < \infty, \qquad 0 < B < \infty, \qquad 0 \leqq N < \infty$$

derart, daß einmal

$$R := \{x : |x - a| \leqq A\} \times \{y : |y - b| \leqq B\} \subset \mathfrak{G}$$

und zum andern für $(x, y_\nu) \in R$ $(\nu = 1, 2)$ *stets*

$$|f(x, y_1) - f(x, y_2)| \leqq N|y_1 - y_2|$$

gilt.

Unser Ziel ist die Behandlung von Lösungen der Dgl

(2.7.1) $$y' = f(x, y)$$

„im Großen“, d. h. die Gewinnung und Untersuchung maximaler Existenzintervalle.

Hierzu notieren wir zunächst einige einfache Vorüberlegungen.

(2.7.2) f *ist auf jedem Rechteck der lokalen Lipschitzbedingung beschränkt.*

Sei nämlich $(a, b) \in \mathfrak{G}$ und seien A, B, N gemäß der lokalen Lipschitz-Bedingung gewählt. Setzt man dann

$$P := \max\{|f(x, b)| : |x - a| \leqq A\},$$

so hat man — wie bei (2.6.9) —

$$|f(x, y)| \leqq P + NB < \infty$$

für $|x - a| \leqq A$ und $|y - b| \leqq B$. □

(2.7.3) *Man hat lokale Existenz und Eindeutigkeit für das Anfangswertproblem.*

Wegen (2.7.2) kann nämlich — gegebenenfalls durch Verkleinerung von A — angenommen werden, daß für $(a, b) \in \mathfrak{G}$ und die zugehörigen A, B, N mit $\mathfrak{i} := [a - A, a + A]$ und $g(x) = b$ $(x \in \mathfrak{i})$ sowie die Einschränkung von f auf das zugehörige Rechteck sämtliche Voraussetzungen (0), (1), (2), (3a) des Hauptsatzes (2.3.1) erfüllt sind. □

Die folgende Überlegung dient nun dazu, die lokale Lipschitz-Bedingung etwas mehr ins Globale zu erweitern.

(2.7.4) *Seien*

$$\mathfrak{i} \text{ kompaktes Intervall } \subset \mathbb{R},$$

$$g \in \mathscr{C}_0(\mathfrak{i}, \mathfrak{R}),$$

$$(x, g(x)) \in \mathfrak{G} \text{ für } x \in \mathfrak{i}.$$

Dann existieren B *und* N *mit*

$$0 < B < \infty, \qquad 0 \leqq N < \infty$$

derart, daß

(i) $$R := \{(x, y) : x \in \mathfrak{i}, |y - g(x)| \leqq B\} \subset \mathfrak{G}$$

und

(ii) *für* $(x, y_\nu) \in R$ $(\nu = 1, 2)$ *stets*

$$|f(x, y_1) - f(x, y_2)| \leqq N|y_1 - y_2|$$

gilt.

Beweis: Für jedes $x \in \mathfrak{i}$ wähle man zu $(x, g(x)) \in \mathfrak{G}$ die Konstanten A_x, B_x, N_x gemäß der lokalen Lipschitz-Bedingung, dabei jedoch zusätzlich A_x so klein, daß

$$|g(t) - g(x)| \leqq \tfrac{1}{2}B_x \qquad (t \in \mathfrak{i}, |t - x| \leqq A_x)$$

gilt; das ist wegen der Stetigkeit von g erreichbar.

Wegen

$$\mathfrak{i} \subset \bigcup_{x \in \mathfrak{i}} (x - A_x, x + A_x)$$

gibt es nun $x_1, x_2, \ldots, x_n \in \mathfrak{i}$ mit

$$\mathfrak{i} \subset \bigcup_{\nu=1}^{n} (x_\nu - A_{x_\nu}, x_\nu + A_{x_\nu}).$$

Wir zeigen, daß dann

$$B := \tfrac{1}{2} \min_{\nu=1}^{n} B_{x_\nu},$$

$$N := \max_{\nu=1}^{n} N_{x_\nu}$$

die gewünschten Eigenschaften haben. Sei zunächst $(x, y) \in R$. Dann gibt es ein $\nu \in \{1, 2, \ldots, n\}$ mit

$$|x - x_\nu| < A_{x_\nu}.$$

Man hat dann

$$|y - g(x)| \leqq \tfrac{1}{2}B_{x_\nu}$$

und

$$|g(x) - g(x_\nu)| \leqq \tfrac{1}{2}B_{x_\nu},$$

also

$$|y - g(x_\nu)| \leqq B_{x_\nu}.$$

Daher liegt (x, y) im „Rechteck" der lokalen Lipschitz-Bedingung zu $(x_\nu, g(x_\nu))$, also in $\mathfrak{G}$. Das ist (i). Für (ii) betrachtet man zu $x \in \mathfrak{i}$ zwei y_1, y_2 wie eben und wendet die lokale Lipschitz-Bedingung für $(x_\nu, g(x_\nu))$ an. Sie liefert

$$|f(x, y_1) - f(x, y_2)| \leqq N_{x_\nu}|y_1 - y_2| \leqq N|y_1 - y_2|.$$

Damit gilt auch (ii). □

(2.7.4) besagt offenbar, daß im angegebenen R mit Ausnahme von (3) sämtliche Voraussetzungen des Hauptsatzes erfüllt sind.

Geht man nun die zu (2.6.8) führende Überlegung durch, so erhält man die folgende Aussage über *globale Abhängigkeit von Anfangswerten.*

(2.7.5) *Seien*

$$\mathfrak{i} \text{ kompaktes Intervall } \subset \mathbb{R}, \qquad a_1 \in \mathfrak{i}, \qquad b_1 \in \mathfrak{R}$$

$$g: \mathfrak{i} \to \mathfrak{R} \quad \text{Lösung von (2.7.1) mit} \quad g(a_1) = b_1,$$

und B, N zu g gemäß (2.7.4) gewählt. Ferner sei

$$P := \max_{x \in \mathfrak{i}} |f(x, g(x))|.$$

Sind dann $a \in \mathfrak{i}$, $b \in \mathfrak{R}$ und hat man

$$(|b - b_1| + P|a - a_1|) \exp(N \max_{x \in \mathfrak{i}} |x - a|) \leqq B,$$

so gibt es genau eine Lösung

$$y: \mathfrak{i} \to \mathfrak{R}$$

von (2.7.1) *mit $y(a) = b$. Für sie gilt genauer* (2.6.8).

Wir wenden uns nun dem eigentlichen Ziel, nämlich der Gewinnung und Untersuchung von Lösungen mit maximalen Existenzintervallen zu.

Sei $(a, b) \in \mathfrak{G}$.

Wir bezeichnen mit $\mathfrak{K} = \mathfrak{K}(a, b)$ die Menge aller offenen Intervalle $\mathfrak{j} \subset \mathbb{R}$ derart, daß $a \in \mathfrak{j}$ gilt und eine Lösung

$$y: \mathfrak{j} \to \mathfrak{R}$$

von (2.7.1) mit

$$y(a) = b$$

existiert.

Nach (2.7.3) gilt

(α) $$\mathfrak{K}(a, b) \neq \emptyset.$$

Wir zeigen nun zunächst

(β) *Sind $\mathfrak{j}_1, \mathfrak{j}_2 \in \mathfrak{K}(a, b)$ und y_1, y_2 zugehörige Lösungen, so gilt*

$$y_1(x) = y_2(x) \qquad (x \in \mathfrak{j}_1 \cap \mathfrak{j}_2).$$

Andernfalls wäre nämlich die Menge

$$\{x \in \mathfrak{j}_1 \cap \mathfrak{j}_2 : y_1(x) = y_2(x)\}$$

eine echte, in $\mathfrak{j}_1 \cap \mathfrak{j}_2$ abgeschlossene Teilmenge von $\mathfrak{j}_1 \cap \mathfrak{j}_2$, hätte also einen Randpunkt in $\mathfrak{j}_1 \cap \mathfrak{j}_2$. Wendet man auf diesen die lokale Eindeutigkeitsaussage von (2.7.3) an, so erhielte man einen Widerspruch. □

Mit (β) hat man natürlich zugleich die Eindeutigkeit der Lösung y zu jedem $\mathfrak{j} \in \mathfrak{K}$.

Wir zeigen nun

(γ) $$\mathfrak{j}_0(a,b) := \bigcup_{\mathfrak{j} \in \mathfrak{K}(a,b)} \mathfrak{j} \in \mathfrak{K}(a,b).$$

Zunächst ist $\mathfrak{j}_0$ offen. Ferner ist $\mathfrak{j}_0$ ein a enthaltendes Intervall; denn ist $x \in \mathfrak{j}_0$, so gibt es ein $\mathfrak{j} \in \mathfrak{K}$ mit $a \in \mathfrak{j}$, $x \in \mathfrak{j}$, so daß $[a, x] \subset \mathfrak{j} \subset \mathfrak{j}_0$ gilt. Schließlich kann auf $\mathfrak{j}_0$ eine Lösung y_0 des Anfangswertproblems definiert werden. Sei nämlich $x \in \mathfrak{j}_0$, so wähle man $\mathfrak{j} \in \mathfrak{K}$ mit $x \in \mathfrak{j}$ und die zu $\mathfrak{j}$ gehörende Lösung y und setze

$$y_0(x) := y(x).$$

Diese Definition ist wegen (β) von der Wahl von $\mathfrak{j}$ und y unabhängig und liefert offenbar eine Lösung. □

Damit können wir zusammenfassen:

(2.7.6) **Satz:** *Zu $(a, b) \in \mathfrak{G}$ gibt es genau eine auf einem offenen Intervall $\mathfrak{j}_0$ mit $a \in \mathfrak{j}_0$ definierte Lösung y_0 von* (2.7.1) *mit $y_0(a) = b$, so daß jede andere auf einem offenen Intervall $\mathfrak{j}$ mit $a \in \mathfrak{j}$ definierte Lösung y von* (2.7.1) *mit $y(a) = b$ Einschränkung von y_0 ist:*

$$\mathfrak{j} \subset \mathfrak{j}_0,$$
$$y(x) = y_0(x) \qquad (x \in \mathfrak{j}).$$

Abschließend soll für die Lösung y_0 mit maximalem offenen Existenzintervall $\mathfrak{j}_0$ durch $(a, b) \in \mathfrak{G}$ Genaueres über das *Randverhalten* gesagt werden.

(2.7.7) **Satz:** *Sei $\mathfrak{j}_0 = (\alpha, \beta)$. Ist dann $\beta < \infty$ bzw. $\alpha > -\infty$ und hat man $x_n \in \mathfrak{j}_0$ $(n \in \mathbb{N})$ mit $x_n \to \beta$ bzw. $x_n \to \alpha$ sowie*

$$y_0(x_n) \to c \in \mathfrak{R} \qquad (n \to \infty),$$

so ist (β, c) bzw. (α, c) Randpunkt von $\mathfrak{G}$.

Wir führen den *Beweis* für den ersten Fall. Es genügt offenbar zu zeigen

$$(\beta, c) \notin \mathfrak{G}.$$

Hätte man nämlich $(\beta, c) \in \mathfrak{G}$, so existierte gemäß (2.7.3) eine Lösung y_1 von (2.7.1) durch (β, c) in einem kompakten Intervall $\mathfrak{j}_1$ mit β als innerem Punkt. Zu y_1 und $\mathfrak{j}_1$ könnte man dann B, N und R gemäß (2.7.4) wählen. Wegen

$$(x_n, y_0(x_n)) \to (\beta, c) \qquad (n \to \infty)$$

gäbe es ein $n \in \mathbb{N}$ mit

$$(|y_0(x_n) - c| + P|x_n - \beta|) \exp(N \max_{x \in \mathfrak{j}_1} |x - x_n|) \leqq B$$

und

$$P := \max_{x \in \mathfrak{j}_1} |f(x, y_1(x))|.$$

Damit würde nach (2.7.5) eine Lösung von (2.7.1) durch $(x_n, y_0(x_n))$ in ganz $\mathfrak{j}_1$ existieren. Da das maximale Existenzintervall bezüglich der Anfangswerte $(x_n, y_0(x_n))$ jedoch offenbar $\mathfrak{j}_0$ ist, ergäbe Satz (2.7.6) mit $\mathring{\mathfrak{j}}_1 \subset \mathfrak{j}_0$ den Widerspruch $\beta \in \mathfrak{j}_0$. □

Der letzte Satz zeigt insbesondere, daß sich das maximale Existenzintervall als solches nicht rechts oder links abschließen läßt. Damit kann jede auf einem beliebigen Intervall definierte Lösung von (2.7.1) durch (a, b) aus der maximalen Lösung y_0 durch Einschränkung erhalten werden.

Man sagt grob: *die maximale Lösung verläuft in $\mathfrak{G}$ von Rand zu Rand.*

2.8 Holomorphe Funktionen mit Werten in (*B*)-Räumen

Unser Ziel ist im folgenden die Übertragung des Hauptsatzes (2.3.1) ins Komplexe, d. h. auf den Fall der Dgln für holomorphe Funktionen einer komplexen Variablen mit Werten in einem (*B*)-Raum über $\mathbb{C}$. Dazu stellen wir hier zunächst analog dem Kapitel 2.2 einige Grundtatsachen über derartige Funktionen bereit. Die klassische Funktionentheorie einer komplexen Variablen setzen wir hierbei als bekannt voraus.

Zunächst wird man voll analog zum klassischen Fall eine in einem Gebiet $\Omega \subset \mathbb{C}$ definierte Funktion y mit Werten in einem (*B*)-Raum $\mathfrak{R}$ über $\mathbb{C}$ als *holomorph* bezeichnen, wenn y in jedem Punkt $x_0 \in \Omega$ komplex-differenzierbar ist, d. h. wenn

$$\lim_{\substack{x \to x_0 \\ x \in \Omega}} \frac{1}{x - x_0} (y(x) - y(x_0)) = y'(x_0) \in \mathfrak{R}$$

existiert.

Für solche $\mathfrak{R}$-wertigen holomorphen Funktionen gelten weitgehend dieselben Sätze wie im klassischen Fall. Dazu ist natürlich zunächst der Begriff des Kurvenintegrals zu übertragen.

Sei dazu $\mathfrak{c}$ eine in $\mathbb{C}$ verlaufende stetige und rektifizierbare Kurve und andererseits y eine zumindest auf der Trägermenge $(\mathfrak{c})$ der Kurve definierte stetige Funktion mit Werten im komplexen (*B*)-Raum $\mathfrak{R}$. Dann kann mit beliebiger Parameterdarstellung

$$\varphi : [\alpha, \beta] \to \mathbb{C}$$

von $\mathfrak{c}$

$$\int_{\mathfrak{c}} y(x)\, dx := \int_{\alpha}^{\beta} y(\varphi(t))\, d\varphi(t) \in \mathfrak{R}$$

definiert werden. Das Stieltjes-Integral rechts ist dabei, wie üblich, als Integral von Regelfunktionen zu verstehen. Man hat daraus sofort die Integralabschätzung

$$(2.8.1)\qquad \left|\int_{c} y(x)\,dx\right| \leqq \int_{\alpha}^{\beta} |y(\varphi(t))|\,dv(t) \leqq \max_{x\in(c)} |y(x)| \cdot \lambda(c),$$

wobei

$$v(t) := \int_{\alpha}^{t} |d\varphi(\tau)| \qquad (t \in [\alpha, \beta])$$

(totale Variation) und

$$\lambda(c) := v(\beta)$$

(Bogenlänge) bezeichnen.

Hiermit gilt nun der Integralsatz von Cauchy in der folgenden speziellen von uns benötigten Form:

(2.8.2) **Satz:** *Ω sei ein einfach-zusammenhängendes Gebiet in $\mathbb{C}$, y sei eine in Ω holomorphe Funktion mit Werten im komplexen (B)-Raum $\mathfrak{R}$, und c sei eine geschlossene stetige rektifizierbare Kurve in Ω. Dann gilt*

$$\int_{c} y(x)\,dx = 0.$$

Wie üblich erhält man hieraus die Integralformel von Cauchy.

(2.8.3) **Satz:** *Ω sei ein einfach-zusammenhängendes Gebiet in $\mathbb{C}$, y sei eine in Ω holomorphe Funktion mit Werten in einem komplexen (B)-Raum $\mathfrak{R}$, $x_0 \in \Omega$, und c sei eine geschlossene stetige rektifizierbare Kurve in $\Omega \setminus \{x_0\}$ mit der Umlaufszahl* 1 *um x_0. Dann gilt*

$$\frac{1}{2\pi i}\int_{c} \frac{1}{x - x_0}\, y(x)\,dx = y(x_0).$$

Hieraus entnimmt man dann die beliebig-oftmalige komplexe Differenzierbarkeit von y in Ω und die entsprechende Ergänzung der Integralformel bezüglich der Ableitungen

$$(2.8.4)\qquad \frac{k!}{2\pi i}\int_{c} \frac{1}{(x - x_0)^{k+1}}\, y(x)\,dx = y^{(k)}(x_0),$$

sowie weiter auch die Entwickelbarkeit in Potenz- bzw. Laurentreihen.

Ein Analogon zu Satz (2.2.2) ist in diesem Zusammenhang:

(2.8.5) **Satz:** *Sei Ω ein Gebiet in $\mathbb{C}$, g in Ω definierte stetige Funktion mit Werten im komplexen (B)-Raum $\mathfrak{R}$ und h in Ω erklärte $\mathfrak{R}$-wertige Funktion, $b \in \mathfrak{R}$ und $a \in \Omega$. Dann sind die folgenden Aussagen* (1), (2) *äquivalent:*

(1) *Für $x \in \Omega$ und jede von a nach x in Ω verlaufende stetige rektifizierbare Kurve $\mathfrak{c}$ gilt*

$$h(x) = b + \int_{\mathfrak{c}\,a}^{x} g(t)\,dt.$$

(2) *h ist in Ω holomorph, und es gelten*

$$h' = g, \qquad h(a) = b.$$

Der Beweis ist naheliegend.

Da nach dem zuvor Bemerkten bei (2) auch g holomorph ist, ist in (1) $\Rightarrow$ (2) die Aussage des Satzes von Morera enthalten.

Mit Hilfe dieses Satzes von Morera folgt wiederum wie üblich, daß die Grenzfunktion einer in Ω (lokal) gleichmäßig konvergenten Folge $\mathfrak{R}$-wertiger holomorpher Funktionen wieder eine solche Funktion ist (Satz von Weierstrass).

Es sei nun im folgenden Ω beschränktes Gebiet in $\mathbb{C}$, also $\bar{\Omega}$ kompakt. Dann bezeichnen wir mit

$$\mathscr{H}(\Omega, \mathfrak{R})$$

die Menge der in $\bar{\Omega}$ definierten und stetigen, in Ω holomorphen Funktionen mit Werten im komplexen (B)-Raum $\mathfrak{R}$.

Erklärt man die Addition + und die Multiplikation mit Zahlen aus $\mathbb{C}$, $\cdot$, punktweise und definiert ferner für $y \in \mathscr{H}(\Omega, \mathfrak{R})$

$$|y| := \max_{x \in \bar{\Omega}} |y(x)|$$

so gilt:

(2.8.6) **Satz:** $(\mathscr{H}(\Omega, \mathfrak{R}), +, \cdot, |\,|)$ *ist (B)-Raum über* $\mathbb{C}$.

Beim Beweis ist nur die Vollständigkeit interessant. Sie folgt mit dem Satze von Weierstrass für stetige Funktionen — analog Satz (2.2.4) — sowie mit dem zuvor zitierten Satz von Weierstrass für $\mathfrak{R}$-wertige holomorphe Funktionen.

Im Hinblick auf die kommende Behandlung von Dgln schließen wir die folgenden Überlegungen an.

Seien $\mathfrak{S}$ und $\mathfrak{R}$ komplexe (B)-Räume und f Abbildung aus $\mathfrak{S}$ in $\mathfrak{R}$. Ist dann $x_0 \in \mathfrak{D}_f$, so nennen wir f *in x_0 komplex-differenzierbar*, wenn es eine komplexlineare beschränkte Abbildung A von $\mathfrak{S}$ in $\mathfrak{R}$ gibt, derart, daß für $\mathfrak{D}_f \ni x \to x_0$ gilt

$$f(x) = f(x_0) + A(x - x_0) + \mathfrak{o}(|x - x_0|).$$

Für einen inneren Punkt x_0 von $\mathfrak{D}_f$ ist dann A natürlich eindeutig bestimmt: $A =: f'(x_0)$.

Entsprechend der Kettenregel gilt:

(2.8.7) **Satz:** *Seien $\mathfrak{S}$, $\mathfrak{R}$ komplexe (B)-Räume, $\emptyset \neq \mathfrak{D}_f \subset \mathfrak{S}$ und*

$$f : \mathfrak{D}_f \to \mathfrak{R}$$

in allen Punkten von $\mathfrak{D}_f$ komplex-differenzierbar.

Ist dann Ω Gebiet in $\mathbb{C}$,

$$y : \Omega \to \mathfrak{S}$$

holomorph, sowie

$$y(\Omega) \subset \mathfrak{D}_f,$$

so ist

$$f \circ y : \Omega \to \mathfrak{R}$$

holomorph.

Ist Ω beschränktes Gebiet in $\mathbb{C}^n$, so definieren wir $\mathscr{H}(\Omega, \mathfrak{R})$ — analog dem Obigen — als Menge aller stetigen $\mathfrak{R}$-wertigen Funktionen in $\overline{\Omega}$, die in den Punkten von Ω komplex-differenzierbar (es genügt partiell komplex-differenzierbar) sind. Satz (2.8.6) gilt hier entsprechend.

2.9 Komplexe Dgln in (*B*)-Räumen

Nach dem Vorangehenden sind wir in der Lage, die Überlegungen von 2.3 ins Komplexe zu übertragen. Wir formulieren sofort das Analogon zu Satz (2.3.1).

(2.9.1) **Hauptsatz:**
Voraussetzungen:
(0) *$\mathfrak{R}$ sei (B)-Raum über $\mathbb{C}$, $a \in \mathbb{C}$,*
Ω sei ein beschränktes Sterngebiet bezüglich a in $\mathbb{C}$,
$A := \max_{x \in \overline{\Omega}} |x - a| \, (> 0)$, $b \in \mathfrak{R}$, $g \in \mathscr{H}(\Omega, \mathfrak{R})$, $0 < B \leqq \infty$
und hiermit
$R := \{(x, y) \in \mathbb{C} \times \mathfrak{R} : x \in \overline{\Omega}, |y - g(x)| \leqq B\}$.
(1) *f sei stetige Abbildung von R in $\mathfrak{R}$ und in den inneren Punkten von R komplex-differenzierbar; es bezeichne*

$$M := \sup_{(x,y) \in R} |f(x, y)|.$$

(2) *Es existiere eine nicht-negative reelle Zahl N, so daß für $(x, y_1) \in R$ und $(x, y_2) \in R$ immer*

$$|f(x, y_1) - f(x, y_2)| \leqq N |y_1 - y_2|$$

gilt.
(3) *Es gelte entweder*

(3a) $AM + \max_{x \in \overline{\Omega}} |g(x) - b| \leqq B$

oder

(3b) $\max_{x \in \overline{\Omega}} \left| b + \int_a^x f(t, g(t)) \, dt - g(x) \right| \exp(NA) \leqq B.$

Behauptung: *Es gibt genau ein* $y \in \mathscr{H}(\Omega, \mathfrak{R})$ *mit*

$$y(a) = b,$$
$$(x, y(x)) \in R \qquad (x \in \bar{\Omega}),$$
$$y'(x) = f(x, y(x)) \qquad (x \in \Omega).$$

Beweis: Wir verfahren ganz analog zu 2.3.

Zunächst zeigen wir, daß die Behauptung äquivalent ist zur eindeutigen Existenz eines $y \in \mathscr{H}(\Omega, \mathfrak{R})$ mit

$$(x, y(x)) \in R \qquad (x \in \bar{\Omega}),$$
$$y(x) = b + \int_a^x f(t, y(t))\, dt \qquad (x \in \Omega),$$

wobei das Integral über die Strecke $\overline{ax}$ gewählt sei.

Hierzu überlegt man, daß für die mit

$$y \in \mathscr{H}(\Omega, \mathfrak{R}), \qquad (x, y(x)) \in R \qquad (x \in \bar{\Omega})$$

durch

$$u(x) := f(x, y(x)) \qquad (x \in \bar{\Omega})$$

gegebene Funktion

(*) $$u \in \mathscr{H}(\Omega, \mathfrak{R})$$

gilt. Zum Beweis von (*) bildet man für $n \in \mathbb{N}$

$$z_n = y - \frac{1}{n}(y - g) \in \mathscr{H}(\Omega, \mathfrak{R})$$

und hat mit $x \in \Omega$ dann $(x, z_n(x)) \in \mathring{R}$, also mit Voraussetzung (1) für

$$u_n(x) := f(x, z_n(x)) \qquad (x \in \bar{\Omega})$$

nach Satz (2.8.7) sicher

$$u_n \in \mathscr{H}(\Omega, \mathfrak{R}).$$

Weiterhin hat man aufgrund der Voraussetzung (2)

$$|u_n(x) - u(x)| \leqq N |z_n(x) - y(x)| \qquad (x \in \bar{\Omega}),$$

so daß für $n \to \infty$ wegen $z_n \to y$ (in $\mathscr{H}(\Omega, \mathfrak{R})$)

$$u_n(x) \to u(x) \quad \text{gleichmäßig auf} \quad \bar{\Omega}$$

gilt. Damit folgt (*).

Wegen (*) kann man nun, da Ω als Sterngebiet einfach-zusammenhängend ist, Satz (2.8.2) und Satz (2.8.5) auf u anwenden. Das gibt die zuvor notierte Äquivalenz.

Für die Anwendung des Fixpunktsatzes — Satz (2.1.3) — identifizieren wir

$$(\mathfrak{M}, \delta) = (\mathscr{H}(\Omega, \mathfrak{R}), \delta),$$

wo rechts δ die aus der Norm entstehende Metrik bedeute. Wir setzen ferner

$$\mathfrak{D}_T := \{ y \in \mathscr{H}(\Omega, \mathfrak{R}) : \delta(y, g) \leqq B \} ;$$

$y \in \mathfrak{D}_T$ bedeutet dann gerade $(x, y(x)) \in R$ für $x \in \bar{\Omega}$. $\mathfrak{D}_T$ ist wieder nicht-leere abgeschlossene Teilmenge von $(\mathfrak{M}, \delta)$. Für $y \in \mathfrak{D}_T$ wird nun Ty durch

$$(Ty)(x) := b + \int_a^x f(t, y(t))\, dt \qquad (x \in \bar{\Omega})$$

definiert, wobei rechts das Integral über die Strecke $\overline{ax}$ gewählt werde.

Man beachtet wieder, daß, wie eben gezeigt, die durch

$$u(t) := f(t, y(t)) \qquad (t \in \bar{\Omega})$$

definierte Funktion u zu $\mathscr{H}(\Omega, \mathfrak{R})$ gehört. Damit ist nach Satz (2.8.5) Ty in Ω holomorph. Andererseits ist u im kompakten $\bar{\Omega}$ gleichmäßig stetig, woraus man rasch die Stetigkeit von Ty in $\bar{\Omega}$ abliest.

Damit hat man

$$T: \mathfrak{D}_T \to \mathfrak{M}.$$

Zur Gewinnung der Abschätzungen für $\|T^n\|$ $(n \in \mathbb{N})$ verfährt man nun nahezu wörtlich wie bei der entsprechenden Überlegung im Beweise des Hauptsatzes (2.3.1). Man hat nur sämtliche Integrale als Integrale über die Verbindungsstrecken zu wählen und für die Integralabschätzung (2.8.1) heranzuziehen.

Man erhält wieder

$$\|T^n\| \leqq \frac{(NA)^n}{n!}$$

und

$$\sum_{n=0}^{\infty} \|T^n\| \leqq \exp(NA) < \infty.$$

Auch der Nachweis der Voraussetzung (∗) des Kontraktionssatzes aus (3a) bzw. (3b) verläuft wieder voll analog zu den entsprechenden Zeilen des Beweises zum Hauptsatz im Reellen.

2.10 Zur Lipschitz-Bedingung im Komplexen

Die Überlegungen von 2.5 gelten natürlich im Komplexen ganz entsprechend. Nur kann man hier noch wesentlich mehr zeigen.

Aus den Voraussetzungen (0) und (1) des Hauptsatzes (2.9.1) folgt zunächst für $(x, y) \in \mathring{R}$, also für $(x, y) \in \Omega \times \mathfrak{R}$ mit $|y - g(x)| < B$, die eindeutige Existenz der partiellen Ableitung

$$f_y(x, y)$$

als beschränkter komplex-linearer Abbildung von $\mathfrak{R}$ in sich.

Wir zeigen zuerst:

(2.10.1) **Hilfssatz:** *Hat man unter den Voraussetzungen* (0) *und* (1) *des Hauptsatzes* (2.9.1) *mit* $0 \leqq N < \infty$ *für alle* $(x, y) \in \Omega \times \mathfrak{R}$, $|y - g(x)| < B$

$$|f_y(x, y)| \leqq N,$$

so gilt die Lipschitz-Bedingung (2).

Zum *Beweis* beachtet man, daß die offenen Kugeln

$$\{y : |y - g(x)| < B\} \subset \mathfrak{R}$$

konvex sind, erhält damit wie in 2.5 die Lipschitz-Abschätzung (2) für $x \in \Omega$, $|y_\nu - g(x)| < B$ $(\nu = 1, 2)$ und damit die volle Aussage (2) durch Grenzübergang zum Rande. □

Wesentlich an der komplexen Analysis hängt demgegenüber

(2.10.2) **Hilfssatz:** *Es seien die Voraussetzungen* (0) *und* (1) *des Hauptsatzes* (2.9.1) *erfüllt; dabei gelte*

$$M < \infty.$$

Ist dann

$$0 < \rho < B \leqq \infty,$$

so gilt mit

$$N(\rho) := \frac{M}{\rho}$$

für $(x, y_\nu) \in \overline{\Omega} \times \mathfrak{R}$, $|y_\nu - g(x)| \leqq B - \rho$ $(\nu = 1, 2)$ *stets*

$$|f(x, y_1) - f(x, y_2)| \leqq N(\rho)\, |y_1 - y_2|.$$

Zum *Beweis* genügt es (vgl. Hilfssatz (2.10.1)),

$$(+) \qquad |f_y(x, y)| \leqq N(\rho)$$

für $x \in \Omega$ und $|y - g(x)| < B - \rho$ zu zeigen. Sei dazu ein solches Paar (x, y) betrachtet und ein $h \in \mathfrak{R}$ mit $|h| = 1$ gewählt. Dann ist die durch

$$t(\lambda) := f(x, y + \lambda h)$$

definierte Funktion t für $\lambda \in \mathbb{C}$ mit $|\lambda| \leqq \rho$ holomorph. Man hat mit der Integralformel (2.8.4)

$$f_y(x, y)\, h = t'(0) = \frac{1}{2\pi i} \oint_{|\lambda| = \rho} \frac{1}{\lambda^2}\, t(\lambda)\, d\lambda.$$

Man kann gemäß (2.8.1) abschätzen:

$$|f_y(x, y)\, h| \leqq \frac{M}{\rho} = N(\rho).$$

Da dies für alle $h \in \mathfrak{R}$ mit $|h| = 1$ gilt, folgt $(+)$. □

Wir schließen mit der Bemerkung, daß die Lipschitz-Bedingung (2) für $B = \infty$ im Komplexen nur genau im Fall der linearen Dgl gilt. Genauer formulieren wir:

(2.10.3) **Hilfssatz:** *Es seien die Voraussetzungen* (0) *des Hauptsatzes* (2.9.1) *mit* $B = \infty$ — *also mit* $R = \bar{\Omega} \times \mathfrak{R}$ — *gegeben. Dann gilt:*

Die Abbildung

$$f : R \to \mathfrak{R}$$

erfüllt genau dann die Voraussetzungen (1) *und* (2) *von Hauptsatz* (2.9.1), *wenn ein*

$$F : \bar{\Omega} \to \mathfrak{L}(\mathfrak{R}, \mathfrak{R})$$

mit

(a) $F|_\Omega$ *ist holomorph,*

(b) *für jedes* $y \in \mathfrak{R}$ *ist die Funktion* $\bar{\Omega} \ni x \mapsto F(x)\, y \in \mathfrak{R}$ *stetig,*

und ein

$$h \in \mathscr{H}(\Omega, \mathfrak{R})$$

existiert, so daß für $(x, y) \in R$ *gilt:*

$$f(x, y) = F(x)\, y + h(x).$$

Dabei haben wir mit $\mathfrak{L}(\mathfrak{R}, \mathfrak{R})$ die komplexe (B)-Algebra der beschränkten linearen Abbildungen von $\mathfrak{R}$ in sich bezeichnet.

Wir führen den Beweis hier nicht aus und erwähnen nur, daß in geeigneter Form die Cauchysche Integralformel und das uniform-boundedness-theorem der Funktionalanalysis herangezogen werden.

2.11 Holomorphe Parameterabhängigkeit

Wir zeigen, daß die folgende — nur scheinbar allgemeinere — Aussage über holomorphe Parameterabhängigkeit im Hauptsatz (2.9.1) enthalten ist:

(2.11.1) **Satz:**

Voraussetzungen:

(0) $\mathfrak{S}$ *sei komplexer* (B)-*Raum,* $a \in \mathbb{C}$,

Ω *sei ein beschränktes Sterngebiet bezüglich* a *in* $\mathbb{C}$,

$A := \max_{x \in \bar{\Omega}} |x - a| \; (> 0)$, Λ *sei ein beschränktes Gebiet in* $\mathbb{C}$,

$b \in \mathscr{H}(\Lambda, \mathfrak{S})$, $\gamma \in \mathscr{H}(\Omega \times \Lambda, \mathfrak{S})$, $0 < B \leqq \infty$

und hiermit

$S := \{(x, \lambda, u) \in \mathbb{C} \times \mathbb{C} \times \mathfrak{S} : x \in \bar{\Omega}, \lambda \in \bar{\Lambda}, |u - \gamma(x, \lambda)| \leqq B\}$.

(1) φ *sei stetige Abbildung von* S *in* $\mathfrak{S}$ *und in den inneren Punkten von* S *komplex-differenzierbar; es bezeichne*

$$M := \sup_{z \in S} |\varphi(z)|.$$

(2) *Es existiere eine nicht-negative reelle Zahl* N, *so daß für* $(x, \lambda, u_1) \in S$ *und* $(x, \lambda, u_2) \in S$ *stets gilt*

$$|\varphi(x, \lambda, u_1) - \varphi(x, \lambda, u_2)| \leqq N|u_1 - u_2|.$$

(3) *Es gelte entweder*

(3a) $AM + \max\limits_{(x,\lambda)\in\bar{\Omega}\times\bar{\Lambda}} |\gamma(x, \lambda) - b(\lambda)| \leqq B$

oder

$$\text{(3b)} \quad \max_{(x,\lambda)\in\bar{\Omega}\times\bar{\Lambda}} \left|b(\lambda) + \int_a^x \varphi(t, \lambda, \gamma(t, \lambda))\, dt - \gamma(x, \lambda)\right| \exp(NA) \leqq B.$$

Behauptung: *Es gibt genau ein* $\eta \in \mathscr{H}(\Omega \times \Lambda, \mathfrak{S})$ *mit*

$$\eta(a, \lambda) = b(\lambda) \qquad (\lambda \in \bar{\Lambda})$$

$$(x, \lambda, \eta(x, \lambda)) \in S \qquad ((x, \lambda) \in \bar{\Omega} \times \bar{\Lambda}),$$

$$\frac{\partial \eta}{\partial x}(x, \lambda) = \varphi(x, \lambda, \eta(x, \lambda)) \qquad ((x, \lambda) \in \Omega \times \Lambda).$$

Zum Zwecke der Zurückführung auf den Hauptsatz (2.9.1) setzen wir

$$\mathfrak{R} := \mathscr{H}(\Lambda, \mathfrak{S}).$$

Dann kann, wie man leicht zeigt,

$$\mathscr{H}(\Omega, \mathfrak{R}) = \mathscr{H}(\Omega \times \Lambda, \mathfrak{S})$$

identifiziert werden. Dies geschieht mit

$$\mathscr{H}(\Omega, \mathfrak{R}) \ni z \leftrightarrow \zeta \in \mathscr{H}(\Omega \times \Lambda, \mathfrak{S})$$

über

$$(*) \qquad z(x)(\lambda) = \zeta(x, \lambda) \qquad ((x, \lambda) \in \bar{\Omega} \times \bar{\Lambda}).$$

Dabei gilt, wie man sofort bestätigt,

$$z'(x)(\lambda) = \frac{\partial \zeta}{\partial x}(x, \lambda) \qquad (x \in \Omega, \lambda \in \bar{\Lambda}).$$

Mit dem durch γ gemäß (*) bestimmten $g \in \mathscr{H}(\Omega, \mathfrak{R})$ bilden wir nun

$$R := \{(x, y) : x \in \bar{\Omega}, y \in \mathfrak{R}, |y - g(x)| \leqq B\}$$

und definieren für $(x, y) \in R$

$$f(x, y)(\lambda) := \varphi(x, \lambda, y(\lambda)) \qquad (\lambda \in \bar{\Lambda})\ ;$$

da für $\lambda \in \bar{\Lambda}$ gerade $(x, \lambda, y(\lambda)) \in S$ gilt, ist dies möglich.

Wir haben nun f als stetige Abbildung von R in $\mathfrak{R}$ nachzuweisen.

Dazu kann, aufgrund der Stetigkeit von φ, zunächst

$$f : R \to \mathscr{C}_0(\bar{\Lambda}, \mathfrak{S})$$

aufgefaßt werden. Wir zeigen dann zweckmäßig zuerst (a) die Stetigkeit von f, dann (b) $f(\mathring{R}) \subset \mathfrak{R}$ und erhalten damit wegen der Abgeschlossenheit von $\mathfrak{R}$ als Unterraum von $\mathscr{C}_0(\bar{\Lambda}, \mathfrak{S})$ das gewünschte Resultat.

(a): Für $(x, y) \in R$, $(x_0, y_0) \in R$ und $\lambda \in \bar{\Lambda}$ kann mit der Voraussetzung (2)

$$|f(x,y)(\lambda) - f(x_0, y_0)(\lambda)| \leqq N|y(\lambda) - y_0(\lambda)| + |\varphi(x, \lambda, y_0(\lambda)) - \varphi(x_0, \lambda, y_0(\lambda))|$$

abgeschätzt werden. Hieraus folgt mit der gleichmäßigen Stetigkeit von

$$\bar{\Omega} \times \bar{\Lambda} \ni (x, \lambda) \mapsto \varphi(x, \lambda, y_0(\lambda)) \in S,$$

daß für $(x, y) \to (x_0, y_0)$ (Konvergenz in $\mathbb{C} \times \mathfrak{R}$)

$$f(x, y) \to f(x_0, y_0)$$

(Konvergenz in $\mathscr{C}_0(\bar{\Lambda}, \mathfrak{S})$) gilt. Das ist die Stetigkeit von f.

(b): Für $(x, y) \in \mathring{R}$ und $\lambda \in \Lambda$ gilt

$$z(\lambda) := (x, \lambda, y(\lambda)) \in \mathring{S}.$$

Damit ist über Satz (2.8.7)

$$f(x, y) = \varphi \circ z \in \mathscr{H}(\Lambda, \mathfrak{S})$$

gegeben.

Wir haben nun noch die komplexe Differenzierbarkeit von f in den inneren Punkten von R zu zeigen.

Dazu betrachten wir zu festem $(x, y) \in \mathring{R}$ ein $0 < \rho < \infty$ mit

$$\mathfrak{U}_\rho := \{(x_1, y_1) : |x_1 - x| \leqq \rho, |y_1 - y| \leqq \rho\} \subset \mathring{R}$$

und

$$M_\rho := \sup\{|f(x_1, y_1)| : (x_1, y_1) \in \mathfrak{U}_\rho\} < \infty;$$

das letztere ist wegen der Stetigkeit von f in (x, y) möglich. Sei nun

$$(h, k) \in \mathbb{C} \times \mathfrak{R}$$

mit

$$0 < |(h, k)| = \max(|h|, |k|) < \rho;$$

wir kürzen dann

$$\rho_1 := \frac{\rho}{|(h, k)|} (> 1)$$

ab. Hiermit bestätigt man nun

$$f(x + h, y + k) = f(x, y) + I_1(h, k) + I_2(h, k)$$

mit

$$I_1(h, k) := \frac{1}{2\pi i} \oint_{|\tau| = \rho_1} \frac{1}{\tau^2} f(x + \tau h, y + \tau k)\, d\tau,$$

$$I_2(h,k) := \frac{1}{2\pi i} \oint_{|\tau| = \rho_1} \frac{1}{\tau^2(\tau - 1)} f(x + \tau h, y + \tau k)\, d\tau,$$

indem man die Werte für $\lambda \in \Lambda$ betrachtet, wo die entsprechende Formel aus der Holomorphie von

$$\tau \mapsto \varphi\bigl(x + \tau h, \lambda, y(\lambda) + \tau k(\lambda)\bigr)$$

und

$$\frac{1}{\tau - 1} = \frac{1}{\tau} + \frac{1}{\tau^2} + \frac{1}{\tau^2(\tau - 1)}$$

folgt. Dabei erkennt man auch für $\lambda \in \Lambda$

$$I_1(h,k)(\lambda) = \varphi_x\bigl(x, \lambda, y(\lambda)\bigr)\, h + \varphi_u\bigl(x, \lambda, y(\lambda)\bigr)\, k(\lambda),$$

also die Linearität von I_1 bezüglich $(h,k) \in \mathbb{C} \times \mathfrak{R}$. Weiterhin schätzt man sofort

$$|I_1(h,k)| \leqq \frac{M_\rho}{\rho_1} = \frac{M_\rho}{\rho} |(h,k)|,$$

$$|I_2(h,k)| \leqq \frac{M_\rho}{\rho\bigl(\rho - |(h,k)|\bigr)} |(h,k)|^2$$

ab. I_1 ist also beschränkte lineare Abbildung von $\mathbb{C} \times \mathfrak{R}$ in $\mathfrak{R}$ und $I_2(h,k) = o\bigl(|(h,k)|\bigr)$ für $(h,k) \to 0$. Das ist die gewünschte Differenzierbarkeit.

Damit sind nun die Voraussetzungen (0) und (1) des Hauptsatzes (2.9.1) verifiziert. Die Voraussetzungen (2) und (3) übertragen sich unmittelbar. Die Übersetzung der Behauptung von (2.9.1) liefert dann die Behauptung unseres Satzes (2.11.1).

2.12 Der Existenzsatz von Peano

Wir beschäftigen uns im folgenden wieder mit Dgln im Reellen und beziehen uns dabei im wesentlichen auf die mit Satz (2.4.1) gegebene spezielle Form des Hauptsatzes (2.3.1) für den endlich-dimensionalen Fall. Es soll gezeigt werden, daß die Existenzaussage — nicht jedoch die Eindeutigkeit (vgl. 1.1, Beispiel 2) — gültig bleibt, wenn man die Lipschitz-Bedingung (2) fortläßt. Dies ist der Inhalt des Existenzsatzes von Peano.

Sein Beweis kann relativ elementar geführt werden. Man vergleiche etwa die Darstellung von Coddington-Levinson [1]. Wir ziehen es hier vor, uns auf einfache ohnehin bekannte analytische Prinzipien zu stützen, die einen Beweis in wenigen Zeilen liefern. Wir ziehen dazu wieder die Idee der Auffassung der Lösung des Anfangswertproblems als Fixpunkt heran, benutzen jedoch jetzt nicht den Kontraktionssatz von 2.1, was wegen der ausgeschlossenen Eindeutigkeit hier prinzipiell unmöglich ist, sondern wenden den Fixpunktsatz von Schauder an.

Dieser sei zunächst zitiert:

(2.12.1) **Satz:** (Schauder)
$\mathfrak{M}$ sei eine nicht-leere kompakte konvexe Teilmenge eines (B)-Raumes $\mathfrak{B}$ und T eine stetige Abbildung von $\mathfrak{M}$ in sich. Dann existiert ein Fixpunkt $\hat{\mathfrak{x}}$ von T in $\mathfrak{M}$: $T\hat{\mathfrak{x}} = \hat{\mathfrak{x}}$.

Für den Beweis, der den Fixpunktsatz von Brouwer aus der algebraischen (kombinatorischen) Topologie und elementare Funktionalanalysis verwendet, sei z. B. auf die Originalarbeit von Schauder [2] verwiesen.

Bei der Anwendung des Fixpunktsatzes von Schauder auf das Anfangswertproblem — wie auch bei dem oben zitierten elementaren Beweis — muß insbesondere die Kompaktheit gewisser Mengen stetiger Funktionen nachgewiesen werden. Hier ziehen wir den Satz von Arzela-Ascoli in der folgenden speziellen Form heran:

Wir gehen aus von einem kompakten metrischen Raum $(\mathfrak{K}, \delta_1)$ und einem metrischen Raum $(\mathfrak{R}, \delta_2)$. Die Gesamtheit der stetigen Funktionen auf $\mathfrak{K}$ mit Werten in $\mathfrak{R}$, die wir mit

$$\mathscr{C}_0(\mathfrak{K}, \mathfrak{R})$$

bezeichnen, bildet dann mit der durch

$$\delta(f, g) := \max_{x \in \mathfrak{K}} \delta_2(f(x), g(x)) \qquad (f, g \in \mathscr{C}_0(\mathfrak{K}, \mathfrak{R}))$$

definierten Metrik bekanntlich wieder einen metrischen Raum.

Diesbezüglich gilt nun

(2.12.2) **Satz:** (Arzela-Ascoli)
Sei $\emptyset \neq \mathfrak{M} \subset \mathscr{C}_0(\mathfrak{K}, \mathfrak{R})$. Dann sind die folgenden Aussagen (1), (2) *äquivalent:*
(1) *$\mathfrak{M}$ ist kompakt.*

$$(2) \begin{cases} \mathfrak{M} \text{ ist abgeschlossen,} \\ \text{für jedes } c \in \mathfrak{K} \text{ ist } \overline{\{g(c) : g \in \mathfrak{M}\}} \text{ kompakt,} \\ \mathfrak{M} \text{ ist gleichgradig stetig.} \end{cases}$$

Die letzte Forderung in (2) bedeutet dabei hier auch die *gleichmäßig-gleichgradige Stetigkeit:* Für jedes $\varepsilon > 0$ gibt es ein $\eta > 0$ derart, daß für alle $x_1, x_2 \in \mathfrak{K}$ und alle $g \in \mathfrak{M}$ aus $\delta_1(x_1, x_2) < \eta$ stets $\delta_2(g(x_1), g(x_2)) < \varepsilon$ folgt.

Wir formulieren nun den zu beweisenden Satz.

(2.12.3) **Satz:** (Peano)
Voraussetzungen:
(0) *$\mathfrak{R}$ sei endlich-dimensionaler (B)-Raum, $\mathfrak{i}$ kompaktes Intervall in $\mathbb{R}$, $a \in \mathfrak{i}$, $A := \max_{x \in \mathfrak{i}} |x - a| \, (> 0)$, $b \in \mathfrak{R}$, $0 < B < \infty$.*
Es bezeichne
$R = \{(x, y) : x \in \mathfrak{i}, y \in \mathfrak{R}, |y - b| \leqq B\}$.

(1) *f sei stetige Abbildung von R in $\mathfrak{R}$; es bezeichne (R ist kompakt!)*

$$M := \max_{z \in R} |f(z)|.$$

(2) *Es gelte $AM \leqq B$.*

Behauptung: *Es gibt ein $y \in \mathscr{C}_1(\mathfrak{i}, \mathfrak{R})$ mit*

$$\left.\begin{aligned} y(a) &= b \\ (x, y(x)) &\in R, \\ y'(x) &= f(x, y(x)) \end{aligned}\right. \qquad (x \in \mathfrak{i}).$$

Beweis: Zur Behauptung ist, wie üblich, äquivalent: Es gibt ein $y \in \mathscr{C}_0(\mathfrak{i}, \mathfrak{R})$ mit $(x, y(x)) \in R$ und

$$y(x) = b + \int_a^x f(t, y(t))\, dt$$

für $x \in \mathfrak{i}$.

Diesen Nachweis führen wir nun mit dem Satz von Schauder. Dazu werde

$$\mathfrak{B} = \mathscr{C}_0(\mathfrak{i}, \mathfrak{R})$$

identifiziert. Weiter sei $\mathfrak{M}$ die Menge der $g \in \mathfrak{B}$ mit $g(a) = b$ und

$$(*) \qquad |g(x_1) - g(x_2)| \leqq M|x_1 - x_2| \qquad (x_1, x_2 \in \mathfrak{i}).$$

Dann ist offenbar $\mathfrak{M}$ nicht leer. $\mathfrak{M}$ ist konvex; denn für $g_1, g_2 \in \mathfrak{M}$ und $\tau \in [0, 1]$ gilt mit

$$g := (1 - \tau)\, g_1 + \tau g_2$$

zunächst $g(a) = b$ und auch für $x_1, x_2 \in \mathfrak{i}$

$$|g(x_1) - g(x_2)| \leqq (1 - \tau)\, |g_1(x_1) - g_1(x_2)| + \tau\, |g_2(x_1) - g_2(x_2)| \leqq M|x_1 - x_2|.$$

Schließlich ist nach Satz (2.12.2) $\mathfrak{M}$ kompakt; denn $\mathfrak{M}$ ist offenbar abgeschlossen und überdies gemäß der Forderung (*) gleichgradig stetig; weiterhin ist für $c \in \mathfrak{i}$ die Menge $\{g(c) : g \in \mathfrak{M}\}$ in $\{z \in \mathfrak{R} : |z - b| \leqq M|c - a|\}$ enthalten, also beschränkt, was wegen der Annahme, daß $\mathfrak{R}$ endlich-dimensional ist, die Kompaktheit der Abschließung liefert.

Wegen (2) gilt nun für $g \in \mathfrak{M}$ offenbar stets $(x, g(x)) \in R$ $(x \in \mathfrak{i})$. Daher kann Tg für $g \in \mathfrak{M}$ durch

$$(Tg)(x) := b + \int_a^x f(t, g(t))\, dt \qquad (x \in \mathfrak{i})$$

erklärt werden. Man hat $(Tg)(a) = b$ und durch Integralabschätzung mit Hilfe von (1)

$$|(Tg)(x_1) - (Tg)(x_2)| \leqq M|x_1 - x_2| \qquad (x_1, x_2 \in \mathfrak{i}),$$

also

$$T : \mathfrak{M} \to \mathfrak{M}.$$

Schließlich ist T (gleichmäßig) stetig. Zum Nachweis verwenden wir die gleichmäßige Stetigkeit von f auf R: für jedes $\varepsilon > 0$ gibt es ein $\eta > 0$ derart, daß für $|x_1 - x_2| < \eta$ und $|y_1 - y_2| < \eta$ stets

$$|f(x_1, y_1) - f(x_2, y_2)| < \varepsilon$$

gilt. Sind dann $g_1, g_2 \in \mathfrak{M}$ mit $\delta(g_1, g_2) < \eta$, so kann man

$$|(Tg_1)(x) - (Tg_2)(x)| \leqq \left| \int_a^x |f(t, g_1(t)) - f(t, g_2(t))| \, dt \right| \leqq \varepsilon |x - a| \qquad (x \in \mathrm{i})$$

und folglich

$$\delta(Tg_1, Tg_2) \leqq \varepsilon A$$

abschätzen.

Damit sind die Voraussetzungen von Satz (2.12.1) verifiziert. Die Behauptung dieses Satzes gibt dann, wie wir zuvor bemerkten, die Behauptung des Satzes (2.12.3).

2.13 Eindeutigkeitssätze

Nachdem mit 2.12 Existenzaussagen möglich sind, ohne daß zugleich Eindeutigkeit besteht, ist es von einigem Interesse, neben der Lipschitz-Bedingung andere und möglichst allgemeine Eindeutigkeitsgarantien zu gewinnen. Wir entwickeln hierzu in Abschnitt 2.13.1 einen sehr allgemeinen, in der Literatur noch nicht angegebenen Eindeutigkeitssatz und leiten aus ihm in 2.13.2, 2.13.3 und 2.13.4 speziellere (bekannte) einschlägige Sätze ab.

Wir beschränken uns bei diesen Eindeutigkeitsfragen auf ein kompaktes Intervall $\mathrm{i} = [0, c]$ mit $c > 0$ und das Anfangswertproblem bei 0. Hierauf kann offenbar durch Translation und Spiegelung alles andere zurückgeführt werden.

2.13.1 Ein allgemeiner Eindeutigkeitssatz

Im folgenden sei die reelle Zahl $c > 0$ fest gewählt und

$$Q := (0, c] \times \mathbb{R}^+ \subset \mathbb{R}^2$$

bezeichnet.

Wir betrachten dann die Menge $\mathscr{E}$ aller Funktionen

$$g : Q \to \mathbb{R}^+$$

mit der Eigenschaft

$$\mathbf{E} \begin{cases} \forall \varepsilon > 0 \quad \exists \mu > 0 \ \forall \delta > 0 \ \exists \gamma \in (0, \min(\delta, c)) \ \exists z : [\gamma, c] \to \mathbb{R} \textit{ differenzierbar} \\ \forall x \in [\gamma, c] \begin{cases} \mu\gamma < z(x) < \varepsilon, \\ z'(x) > g(x, z(x)). \end{cases} \end{cases}$$

Zur übersichtlicheren Formulierung dieser relativ komplizierten Bedingung haben wir die bekannten Quantoren verwendet.

Wir zeigen nun

(2.13.1) **Satz:**
Voraussetzungen:
(1) $\mathfrak{R}$ *sei (B)-Raum,* $\emptyset \neq \mathfrak{D} \subset \mathbb{R} \times \mathfrak{R}$,
f sei Abbildung von $\mathfrak{D}$ *in* $\mathfrak{R}$.
(2) *Es gibt ein* $g \in \mathscr{E}$ *derart, daß für alle* (x, w_1), $(x, w_2) \in \mathfrak{D}$ *mit* $x \in (0, c]$ *stets gilt*
$|f(x, w_1) - f(x, w_2)| \leqq g(x, |w_1 - w_2|)$.
(3) *Für* $\nu = 1, 2$ *seien*

$$y_\nu : [0, c] \to \mathfrak{R} \quad \textit{differenzierbar}$$

mit

$$\left.\begin{array}{l}(x, y_\nu(x)) \in \mathfrak{D}\\ y_\nu'(x) = f(x, y_\nu(x))\end{array}\right\} \quad (x \in [0, c]);$$

es gelte

$$y_1(0) = y_2(0).$$

Behauptung: *Es gilt*

$$y_1 = y_2$$

Beweis: Wir definieren

$$\varphi : [0, c] \to \mathbb{R}^+$$

durch

$$\varphi(x) := |y_1(x) - y_2(x)|.$$

φ ist stetig; man hat $\varphi(0) = 0$.

Für $x \in [0, c]$ und $x + h \in [0, c]$, $h \neq 0$, schätzt man wie üblich,

$$\left|\frac{\varphi(x+h) - \varphi(x)}{h}\right| \leqq \left|\frac{1}{h}(y_1(x+h) - y_1(x)) - \frac{1}{h}(y_2(x+h) - y_2(x))\right|$$

ab. Bezeichnet man für $x \in [0, c)$

$$D_r\varphi(x) := \liminf_{h \searrow 0} \frac{\varphi(x+h) - \varphi(x)}{h},$$

$$D^r\varphi(x) := \limsup_{h \searrow 0} \frac{\varphi(x+h) - \varphi(x)}{h},$$

und für $x \in (0, c]$

$$D_l\,\varphi(x) := \liminf_{h \nearrow 0} \frac{\varphi(x+h) - \varphi(x)}{h},$$

$$D^l\,\varphi(x) := \limsup_{h \nearrow 0} \frac{\varphi(x+h) - \varphi(x)}{h},$$

so erhält man für die Werte aller vier „Derivierten" aus der vorstehenden Abschätzung

$$(*) \qquad |D\varphi(x)| \leqq |y_1'(x) - y_2'(x)| = |f(x, y_1(x)) - f(x, y_2(x))|.$$

Hiermit folgt zunächst wegen $y_1(0) = y_2(0)$ die Aussage $D^r\varphi(0) = D_r\varphi(0) = 0$ und damit die Differenzierbarkeit von φ in 0 mit $\varphi'(0) = 0$. Weiter folgt aus $(*)$ mit (2)

$$(**) \qquad |D\varphi(x)| \leqq g(x, \varphi(x)) \qquad (x \in (0, c)).$$

Sei jetzt $\varepsilon > 0$ vorgegeben. Wir wollen dann

$$(***) \qquad \varphi(x) < \varepsilon \qquad (x \in [0, c])$$

zeigen.

Dazu sei μ gemäß der Eigenschaft **E** von g gewählt. Zu μ bestimmen wir unter Beachtung von $\varphi(0) = \varphi'(0) = 0$ ein $\delta \in (0, c)$ so, daß

$$\varphi(x) \leqq \mu x \qquad (x \in [0, \delta])$$

gilt. Wiederum nach **E** gibt es hierzu entsprechende γ und z.

Zunächst gilt offenbar

$$(+) \qquad \varphi(x) \leqq \mu x \leqq \mu\gamma < z(\gamma) < \varepsilon \qquad (x \in [0, \gamma]).$$

Weiter zeigen wir nun

$$(++) \qquad \varphi(x) < z(x) \qquad (x \in [\gamma, c]).$$

Dies gilt nach $(+)$ zunächst für $x = \gamma$. Träfe daher $(++)$ nicht zu, so existierte ein minimales $\xi \in (\gamma, c]$ mit

$$\varphi(\xi) = z(\xi).$$

Man hätte dann

$$\varphi(x) < z(x) \qquad (x \in [\gamma, \xi))$$

und damit offenbar

$$D_l\,\varphi(\xi) \geqq z'(\xi).$$

Da gemäß **E** $z'(\xi) > g(\xi, z(\xi))$ gilt, liefert dies einen Widerspruch zu $(**)$.

$(++)$ ergibt mit $z(x) < \varepsilon$ $(x \in [\gamma, c])$ und $(+)$ schließlich die Behauptung $(***)$.

Da $\varepsilon > 0$ willkürlich vorgegeben war, ist damit $\varphi = 0$, also $y_1 = y_2$ gezeigt.

2.13.2 Einordnung des Eindeutigkeitssatzes von W. Walter

W. Walter [3] betrachtet an Stelle von $\mathscr{E}$ die Menge $\mathscr{E}_W$ aller Funktionen

$$g : Q \to \mathbb{R}^+$$

mit den folgenden Eigenschaften

$\mathbf{E}_W$: (a) *Für* $x \in (0, c]$ *ist* $g(x, z)$ *in* z *monoton nicht-fallend.*

(b) *Für jedes* $\varepsilon > 0$ *gibt es ein*

$$\hat{z} : (0, c] \to \mathbb{R} \quad \textit{differenzierbar}$$

mit

$$\begin{aligned} &0 < \hat{z}(x) < \varepsilon, \\ &\hat{z}'(x) \geqq g(x, \hat{z}(x)) \qquad (x \in (0, c]), \\ &\hat{z}(x) \neq o(x) \qquad (x \to 0). \end{aligned}$$

Mit der Ersetzung von $\mathscr{E}$ durch $\mathscr{E}_W$ wird dann im wesentlichen Satz (2.13.1) gezeigt.

Wir zeigen, daß dieser modifizierte Satz in Satz (2.13.1) enthalten ist, indem wir nachweisen:

(2.13.2) **Satz:** *Es gilt* $\mathscr{E}_W \subset \mathscr{E}$.

Wir nehmen also $g \in \mathscr{E}_W$ an und haben $\mathbf{E}$ zu zeigen.

Sei dazu $\varepsilon > 0$ gegeben. Dann wählen wir hierzu $\hat{z}$ gemäß $\mathbf{E}_W$, Teilforderung (b). Wegen $\hat{z}(x) \neq o(x)$ $(x \to 0)$ gibt es ein $\mu > 0$, so daß zu jedem $\delta > 0$ ein $\gamma \in (0, \min(\delta, c))$ existiert mit

$$\hat{z}(\gamma) > \mu\gamma$$

Wir setzen

$$\eta := \tfrac{1}{2}(\hat{z}(\gamma) - \mu\gamma)$$

und definieren

$$z : [\gamma, c] \to \mathbb{R}$$

durch

$$z(x) := \hat{z}(x) - \eta \frac{c - x}{c - \gamma} \qquad (x \in [\gamma, c]).$$

Dann ist z differenzierbar; man hat in $[\gamma, c]$ offenbar wegen der Monotonie von z

$$\mu\gamma < z(x) < \varepsilon$$

und schließlich wegen

$$z(x) \leqq \hat{z}(x)$$

und

$$z'(x) = \hat{z}'(x) + \frac{\eta}{c - \gamma} > \hat{z}'(x)$$

mit Hilfe von $\mathbf{E}_W$, Teilforderung (a)

$$z'(x) > g(x, z(x)) \qquad (x \in [\gamma, c]).$$

Damit hat z die geforderten Eigenschaften.

Insgesamt ist $\mathbf{E}$ und folglich $g \in \mathscr{E}$ nachgewiesen.

2.13.3 Einordnung des Eindeutigkeitssatzes von E. Kamke

E. Kamke [4] beweist im wesentlichen einen Eindeutigkeitssatz, der dem Satz (2.13.1) entspricht, wenn man $\mathscr{E}$ durch die Menge $\mathscr{E}_K$ der Funktionen

$$g : Q \to \mathbb{R}^+$$

mit den folgenden Eigenschaften $\mathbf{E}_K$ ersetzt:

$\mathbf{E}_K$: (α) $g(x, 0) = 0 \qquad (x \in (0, c])$.
(β) *g ist stetig.*
(γ) *Ist*

$$\hat{z} : (0, c] \to \mathbb{R}$$

Lösung von

$$\hat{z}' = g(x, \hat{z})$$

mit

$$\hat{z}(x) = o(x) \qquad (x \to 0),$$

so gilt $\hat{z} = 0$.

Wir zeigen wieder, daß dieser Eindeutigkeitssatz mit $\mathscr{E}_K$ in Satz (2.13.1) enthalten ist, indem wir nachweisen:

(2.13.3) **Satz:** *Es gilt* $\mathscr{E}_K \subset \mathscr{E}$.

Sei also $g \in \mathscr{E}_K$. Wir haben dann $\mathbf{E}$ zu zeigen und geben uns dazu $\varepsilon > 0$ beliebig vor.

Wir konstruieren zunächst eine Folge $\{z_n\}_{n=1}^{\infty}$ stetiger Funktionen

$$z_n : (0, c] \to \mathbb{R}^+$$

mit der Eigenschaft, daß jeweils ein c_n mit

$$0 \leqq c_n < c$$

existiert, so daß $z_n(c) = \frac{1}{2}\varepsilon$,

$$\left.\begin{aligned} &z_n(x) > 0, \\ &z_n'(x) = g(x, z_n(x)) + \frac{1}{n} \end{aligned}\right\} \qquad (x \in (0, c], x > c_n)$$

und

$$z_n(x) = 0 \qquad (x \in (0, c], x \leqq c_n)$$

gilt.

Wir müssen zunächst aufweisen, daß dies möglich ist. Dazu ziehen wir den Existenzsatz von Peano, Satz (2.12.3), heran.

Zunächst existiert danach ein $c'_n \in [0, c)$ und eine Funktion

$$\tilde{z}_n : (c'_n, c] \to \mathbb{R} \quad \textit{differenzierbar}$$

mit

$$\left.\begin{aligned} &\tilde{z}_n(c) = \tfrac{1}{2}\varepsilon, \\ &\tilde{z}_n(x) > 0, \\ &\tilde{z}'_n(x) = g(x, \tilde{z}_n(x)) + \frac{1}{n} \end{aligned}\right\} \quad (x \in (c'_n, c]).$$

Wegen

$$\tilde{z}'_n(x) > 0 \qquad (x \in (c'_n, c])$$

existiert hier der rechtsseitige Grenzwert

$$\tilde{z}_n(c'_n + 0) \geqq 0.$$

Sind dieser sowie c'_n positiv, so kann Satz (2.12.3) erneut angewendet werden: er liefert eine Fortsetzung von $\tilde{z}_n$ über c'_n hinaus. Wir können also $c'_n = c_n$ minimal annehmen. Das aber heißt, daß entweder $c_n = 0$ oder $\tilde{z}_n(c_n + 0) = 0$ ist. Das liefert die gewünschte Konstruktion eines z_n.

Für die Folge $\{z_n\}$ zeigen wir zunächst

$$(*) \qquad z_n(x) \leqq z_{n+1}(x) \qquad (x \in (0, c]).$$

Ist nämlich

$$z_n(\xi) > z_{n+1}(\xi)$$

für ein $\xi \in (0, c)$, so existiert ein minimales $\zeta \in (\xi, c]$ mit

$$z_n(\zeta) = z_{n+1}(\zeta).$$

Dann aber hat man

$$z_n(x) > z_{n+1}(x) \qquad (x \in (\xi, \zeta)),$$

was der aus den Dgln folgenden Ungleichung

$$z'_n(\zeta) > z'_{n+1}(\zeta)$$

widerspricht.

Mit $(*)$ folgt natürlich auch

$$(**) \qquad c_{n+1} \leqq c_n.$$

Wegen $(*)$ und

$$0 \leqq z_n(x) \leqq \tfrac{1}{2}\varepsilon \qquad (n \in \mathbb{N},\ x \in (0, c])$$

existiert nun

$$\hat{z}(x) := \lim_{n \to \infty} z_n(x) \qquad (x \in (0, c]).$$

Wir zeigen:

$$\hat{z} : (0, c] \to \mathbb{R}^+$$

ist stetig differenzierbar und genügt

$$(+) \qquad \hat{z}'(x) = g(x, \hat{z}(x)) \qquad (x \in (0, c]).$$

Dazu beachten wir zunächst, daß für jedes $c' \in (0, c]$ mit

$$M(c') := \max\{g(x, z) : (x, z) \in [c', c] \times [0, \tfrac{1}{2}\varepsilon]\}$$

und $n \in \mathbb{N}$

$$(***) \qquad \left|\frac{z_n(x_1) - z_n(x_2)}{x_1 - x_2}\right| \leqq M(c') + 1 \qquad (x_1, x_2 \in [c', c]\,; x_1 \neq x_2)$$

gilt. Damit folgt sofort die Stetigkeit von $\hat{z}$.

Der Nachweis der Differentialgleichung kann nun auf verschiedene Weise erfolgen. Man kann entweder den Satz von Dini oder den Satz von Arzela-Ascoli — Satz (2.12.2) — mit (***) oder auch den Konvergenzsatz von Lebesgue verwenden. Wir gehen den letzteren Weg. Dazu geht man von

$$z_n(x) = \tfrac{1}{2}\varepsilon - \int_x^c \left[g(t, z_n(t)) + \frac{1}{n} \right] dt \qquad (x \in (0, c],\ x > c_n)$$

und

$$z_n(x) = 0 \qquad (x \in (0, c],\ x \leqq c_n)$$

aus. Ist dann

$$x \in (0, c], \quad x > \inf c_n$$

so gilt für $t \in [x, c]$

$$0 \leqq \left[g(t, z_n(t)) + \frac{1}{n} \right] \leqq M(x) + 1 \qquad (n \in \mathbb{N})$$

sowie

$$\left[g(t, z_n(t)) + \frac{1}{n} \right] \to g(t, \hat{z}(t)) \qquad (n \to \infty)$$

und folglich

$$(++) \qquad \hat{z}(x) = \tfrac{1}{2}\varepsilon - \int_x^c g(t, \hat{z}(t))\, dt.$$

Daß (++) auch für $x \in (0, c]$, $x \leqq \inf c_n$ gilt, folgt mit $\hat{z}(x) = 0$ aus $\mathbf{E}_K$, (α).

(++) für $x \in (0, c]$ gibt wie üblich die Zwischenbehauptung (+) und $\hat{z}(c) = \tfrac{1}{2}\varepsilon$.

Nun wenden wir (γ) an. Das liefert

$$\hat{z}(x) \neq o(x) \qquad (x \to 0).$$

Damit gibt es ein $\mu > 0$ derart, daß zu jedem $\delta > 0$ ein $\gamma \in (0, \min(\delta, c))$ existiert mit

$$\hat{z}(\gamma) > \mu\gamma.$$

Wegen

$$z_n(\gamma) \nearrow \hat{z}(\gamma)$$

gibt es ein $n_0 \in \mathbb{N}$ mit

$$z_{n_0}(\gamma) > \mu\gamma.$$

Wählt man dann

$$z(x) := z_{n_0}(x) \qquad (x \in [\gamma, c]),$$

so sind die für **E** erforderlichen Eigenschaften offenbar gegeben.

Damit ist **E** und $g \in \mathscr{E}$ nachgewiesen.

2.13.4 Spezielle Eindeutigkeitssätze

Wir weisen hier für einige einfache spezielle Funktionen

$$g \in \mathscr{E}$$

nach.

(2.13.4) **Satz:** *Es seien*

$$p : \mathbb{R}^+ \to \mathbb{R}^+,$$

mit

$$p(x) > 0 \qquad (x > 0),$$

$$(*) \qquad p(\alpha x) \leqq \alpha p(x) \qquad (x \in \mathbb{R}^+, 0 \leqq \alpha \leqq 1),$$

und

$$0 \leqq \beta \leqq 1.$$

Dann gehört die durch

$$g(x, z) := \beta \frac{p(z)}{p(x)} \qquad ((x, z) \in Q)$$

definierte Funktion zu $\mathscr{E}$.

Wir zeigen hier $g \in \mathscr{E}_W$.

Dazu ist $\mathbf{E}_W$, (a) mit (*) erfüllt; (b) ist mit

$$0 < \alpha < \min\left(1, \frac{\varepsilon}{c}\right)$$

und

$$\hat{z}(x) := \alpha x \qquad (x \in (0, c])$$

gegeben. Hierbei sind die ersten beiden Eigenschaften unmittelbar zu sehen. Die Differentialungleichung ergibt sich schließlich mit (*) aus

$$\alpha \geqq \beta \frac{p(\alpha x)}{p(x)}. \quad \square$$

In den mit solchen g gemäß Satz (2.13.1) gebildeten Eindeutigkeitssätzen ist speziell mit

$$p(x) = x, \qquad \beta = 1$$

der Satz von Nagumo [5] und mit

$$p(x) = x, \qquad 0 < \beta < 1$$

der Satz von Rosenblatt [6] enthalten.

(2.13.5) **Satz:** *Es seien*

$$k : (0, c] \to \mathbb{R}^+ \ \textit{stetig}$$

mit

$$(+) \qquad \int_0^c k(x)\,dx =: K < \infty$$

und

$$w : \mathbb{R}^+ \to \mathbb{R} \ \textit{stetig}$$

mit

$$w(x) > 0 \qquad (x > 0),$$

$$(\times) \qquad \int_0^1 \frac{dx}{w(x)} = \infty .$$

Dann gehört die durch

$$g(x, z) := k(x)\, w(z) \qquad ((x, z) \in Q)$$

definierte Funktion zu $\mathscr{E}$.

Hier zeigen wir $g \in \mathscr{E}_K$.

Dazu ist zunächst $\mathbf{E}_K$, (α) wegen der aus ($\times$) folgenden Eigenschaft

$$w(0) = 0$$

gegeben. (β) sieht man wegen der Stetigkeit von k und w unmittelbar.

Zum Nachweis von (γ) sei

$$\hat{z} : (0, c] \to \mathbb{R}$$

Lösung von

$$\hat{z}'(x) = k(x)\, w(\hat{z}(x))$$

und

$$\hat{z} \neq 0.$$

Dann ist nur $\hat{z}(x) \neq o(x)$ zu zeigen. Dazu wenden wir die Überlegungen von 1.1 an. Sei nämlich

$$\xi = c, \qquad \hat{z}(c) = \eta > 0.$$

Dann wird gemäß 1.1

$$\mathrm{i}_1 = (0, c],$$

$$\mathrm{i}_2 = (0, \infty)$$

und wegen $(\times)$

$$\mathrm{i}_3 = (-\infty, W)$$

mit

$$0 < \int_\eta^\infty \frac{dx}{w(x)} =: W \leqq \infty.$$

Man hat dann wegen $(+)$

$$F(\mathrm{i}_1) = (-K, 0] \quad \text{oder} \quad = [-K, 0].$$

Da nun G das Intervall i_2 bijektiv und monoton wachsend auf i_3 abbildet, erhält man $\mathrm{i}_0 = \mathrm{i}_1$ und die Beschränktheit von $\hat{z}(\mathrm{i}_0) = G^{-1} \circ F(\mathrm{i}_0)$ gegen 0. Man hat also die Existenz eines $\tilde{K} > 0$ mit

$$\hat{z}(x) > \tilde{K} \qquad (x \in (0, c])$$

und somit natürlich $z(x) \neq o(x)$. □

Die Anwendung von Satz (2.13.1) auf ein solches g liefert einen Eindeutigkeitssatz von Osgood [7].

Der Spezialfall $k(x) = N$ mit $0 \leqq N < \infty$ und $w(z) = z$ liefert die Eindeutigkeitsaussage bei Vorliegen einer Lipschitz-Bedingung.

3 Lineare Differentialgleichungen im Reellen

In diesem Abschnitt werden im Anschluß an die allgemeinen Resultate von 2 explizite gewöhnliche Dgln und DglSysteme betrachtet, die in den gesuchten Funktionen und ihren Ableitungen inhomogen linear sind. Dabei werden naturgemäß weitgehend Sätze und Methoden der linearen Algebra von Bedeutung sein. Ein Blick auf die Überlegungen von 2.4 zeigt, daß bei den Reduktionen von Dgln und DglSystemen höherer Ordnung auf DglSysteme 1. Ordnung die Linearität erhalten bleibt. Dementsprechend wird unser Interesse sich zunächst DglSystemen 1. Ordnung zuzuwenden haben. Hier wird natürlich gemäß den Ausführungen zum Abschnitt 2 die allgemeinere Behandlung expliziter linearer Dgln für (B)-Raum-wertige Funktionen im Vordergrund stehen. Die konkrete Bedeutung der erhaltenen Resultate für DglSysteme und für Dgln höherer Ordnung soll jedoch an geeigneter Stelle stets notiert werden.

Wir führen die Grundlagen der Theorie hier zunächst im Reellen durch. Vieles wird sich dann fast unmittelbar auf die Theorie im Komplexen in Abschnitt 4 übertragen. In 4 werden dazu spezielle wichtige weiterführende Theorien für lineare Dgln im Komplexen dargestellt.

3.1 Existenz- und Eindeutigkeitssatz

Im folgenden sei $\mathfrak{R}$ ein (B)-Raum über $\mathbb{K} = \mathbb{R}$ oder $\mathbb{K} = \mathbb{C}$.

$$\mathfrak{A} = \mathfrak{L}(\mathfrak{R}, \mathfrak{R})$$

bezeichne die Gesamtheit der beschränkten (stetigen) $\mathbb{K}$-linearen Abbildungen von $\mathfrak{R}$ in sich, die bekanntlich bezüglich $+$, der Multiplikation mit Zahlen aus $\mathbb{K}$, der Komposition und der Operatornorm eine (B)-Algebra über $\mathbb{K}$ mit Einselement E ($=$ Identität) bilden.

$\mathfrak{i}$ sei wieder, wie in 0, ein Intervall (nicht-leere und nicht-einpunktige zusammenhängende Teilmenge) in $\mathbb{R}$

Wir notieren dann:

(3.1.1) **Satz:** *Es seien*

$$F : \mathfrak{i} \to \mathfrak{A} \quad \textit{stetig},$$

$$g : \mathfrak{i} \to \mathfrak{R} \quad \textit{stetig},$$

$$a \in \mathfrak{i}, \qquad b \in \mathfrak{R}.$$

Dann gibt es genau ein

$$y : \mathfrak{i} \to \mathfrak{R} \quad \textit{stetig differenzierbar,}$$

das

$$y(a) = b,$$
$$y'(x) = F(x)\,y(x) + g(x) \qquad (x \in \mathfrak{i})$$

erfüllt.

Dieser Satz ist für kompaktes $\mathfrak{i}$ im allgemeinen Existenz- und Eindeutigkeitssatz — Satz (2.3.1) — mit $M = B = \infty$ und

$$N = \max_{x \in \mathfrak{i}} |F(x)|$$

enthalten. Für nicht-kompaktes $\mathfrak{i}$ läßt er sich sofort in gewohnter Weise hieraus gewinnen, indem man $\mathfrak{i}$ als Vereinigung kompakter, a enthaltender Teilintervalle betrachtet.

3.2 Algebraische Folgerungen

Wir betrachten $\mathfrak{R}, \mathfrak{A}, \mathfrak{i}$ und F wie in 3.1 und bezeichnen wie in 2 mit $\mathscr{C}_0(\mathfrak{i}, \mathfrak{R})$ bzw. $\mathscr{C}_1(\mathfrak{i}, \mathfrak{R})$ die linearen Räume (über $\mathbb{K}$) der stetigen bzw. stetig-differenzierbaren $\mathfrak{R}$-wertigen Funktionen auf $\mathfrak{i}$.

Durch

$$(Lz)(x) = z'(x) - F(x)\,z(x) \qquad (x \in \mathfrak{i})$$

wird dann offenbar eine $\mathbb{K}$-lineare Abbildung

$$L : \mathscr{C}_1(\mathfrak{i}, \mathfrak{R}) \to \mathscr{C}_0(\mathfrak{i}, \mathfrak{R})$$

erklärt.

Hierfür erhält man — insbesondere mit Satz (3.1.1) — die folgenden einfachen linear-algebraischen Feststellungen:

(3.2.1) *Der Nullraum (Kern) $\mathfrak{N}_L$ von L ist als $\mathbb{K}$-linearer Raum zu $\mathfrak{R}$ isomorph. Ein Isomorphismus ist mit (beliebigem) $a \in \mathfrak{i}$ durch*

$$\mathfrak{N}_L \ni y \leftrightarrow y(a) \in \mathfrak{R}$$

gegeben.

Dazu wird Satz (3.1.1) auf $g = 0$ angewendet. Er liefert, daß zu festem $a \in \mathfrak{i}$ die lineare Abbildung

$$\mathfrak{N}_L \ni y \mapsto y(a) \in \mathfrak{R}$$

surjektiv (Existenz) und injektiv (Eindeutigkeit) ist.

(3.2.2) *Für den Bildraum von L gilt*

$$L\mathscr{C}_1(\mathfrak{i}, \mathfrak{R}) = \mathscr{C}_0(\mathfrak{i}, \mathfrak{R});$$

L ist also surjektiv.

Nach Satz (3.1.1) ist nämlich $Ly = g$ für jedes $g \in \mathscr{C}_0(\mathfrak{i}, \mathfrak{R})$ lösbar. Für die Lösungsgesamtheit gilt dann bekanntlich:

(3.2.3) *Sei* $g \in \mathscr{C}_0(\mathfrak{i}, \mathfrak{R})$, $y_0 \in \mathscr{C}_1(\mathfrak{i}, \mathfrak{R})$ *und*

$$Ly_0 = g.$$

Dann gilt

$$L^{-1}g = y_0 + \mathfrak{N}_L.$$

Zusammenfassend besagt Satz (3.1.1)

(3.2.4) *Für festes* $a \in \mathfrak{i}$ *ist die durch*

$$\mathscr{C}_1(\mathfrak{i}, \mathfrak{R}) \ni y \mapsto (Ly, y(a)) \in \mathscr{C}_0(\mathfrak{i}, \mathfrak{R}) \times \mathfrak{R}$$

definierte Abbildung ein Isomorphismus zwischen den notierten Räumen.

3.3 Homogene lineare Dgln

Für unsere ersten Überlegungen genügt es, allgemeiner von einer beliebigen (B)-Algebra $\mathfrak{A}$ über $\mathbb{K}$ mit Einselement E auszugehen. $\mathfrak{J}(\mathfrak{A})$ bezeichne die multiplikative Gruppe der invertierbaren Elemente von $\mathfrak{A}$.

Es sei wieder $\mathfrak{i}$ ein Intervall in $\mathbb{R}$ und

$$F: \mathfrak{i} \to \mathfrak{A} \quad \textit{stetig.}$$

Wir untersuchen dann die homogene lineare Dgl in $\mathfrak{A}$

(3.3.1) $$Y' = F(x)\,Y.$$

Hierfür zeigen wir

(3.3.2) **Satz:** *Es sei*

$$Y: \mathfrak{i} \to \mathfrak{A} \quad \textit{Lösung von } (3.3.1).$$

Gilt dann für ein $a \in \mathfrak{i}$

$$Y(a) \in \mathfrak{J}(\mathfrak{A}),$$

so hat man für alle $x \in \mathfrak{i}$

$$Y(x) \in \mathfrak{J}(\mathfrak{A}).$$

Beweis: Indem man die Zuordnung

$$\mathfrak{A} \ni B \mapsto -BF(x) \in \mathfrak{A}$$

als beschränkte $\mathbb{K}$-lineare Abbildung des (B)-Raumes $\mathfrak{A}$ in sich auffaßt, liefert

Satz (3.1.1) zunächst die eindeutige Existenz eines

$$Z : \mathfrak{i} \to \mathfrak{A} \quad \textit{stetig differenzierbar}$$

mit

$$Z(a) = Y(a)^{-1},$$
$$Z'(x) = -Z(x)\,F(x) \qquad (x \in \mathfrak{i}).$$

Wir wollen nun

$$Z(x)\,Y(x) = Y(x)\,Z(x) = E \qquad (x \in \mathfrak{i})$$

und damit $Y(x) \in \mathfrak{I}(\mathfrak{A})$ und $Z(x) = Y(x)^{-1}$ $(x \in \mathfrak{i})$ zeigen.

Zunächst rechnet man

$$(ZY)' = Z'Y + ZY' = -(ZF)\,Y + Z(FY) = 0$$

und erhält mit Satz (2.2.2)

$$Z(x)\,Y(x) = Z(a)\,Y(a) = E \qquad (x \in \mathfrak{i}).$$

Andererseits betrachtet man

$$(YZ)' = Y'Z + YZ' = (FY)\,Z - Y(ZF).$$

Danach ist $U := YZ$ Lösung der homogenen linearen Dgl

$$U' = F(x)\,U - UF(x)$$

mit

$$U(a) = E.$$

Dies gilt ebenso für $V(x) := E$ $(x \in \mathfrak{i})$. Damit gibt die Eindeutigkeitsaussage von Satz (3.1.1)

$$Y(x)\,Z(x) = E \qquad (x \in \mathfrak{i}).$$

Das war noch zu zeigen. □

Wir haben den Beweis hier mehr algebraisch durch Konstruktion von $Y(x)^{-1}$ geführt. Man kann auch einen mehr analytischen Beweis geben, indem man beachtet, daß $\mathfrak{I}(\mathfrak{A})$ in $\mathfrak{A}$ offen und multiplikative Gruppe ist, und damit unter Anwendung von Satz (3.1.1) zeigt, daß die Menge der $x \in \mathfrak{i}$ mit $Y(x) \in \mathfrak{I}(\mathfrak{A})$ in $\mathfrak{i}$ zugleich offen und abgeschlossen ist.

Ein Y gemäß (3.3.2), für das stets $Y(x)$ invertierbar ist, bezeichnen wir als *Fundamentallösung* von (3.3.1).

Die Bedeutung der Fundamentallösungen zeigt

(3.3.3) **Satz:** *Ist*

$$Y : \mathfrak{i} \to \mathfrak{A} \quad \textit{Fundamentallösung von } (3.3.1),$$

so ist

$$Z : \mathfrak{i} \to \mathfrak{A}$$

genau dann Lösung von (3.3.1), *wenn mit (dem von* $a \in \mathfrak{i}$ *unabhängigen)* $C := Y(a)^{-1} Z(a) \in \mathfrak{A}$

$$Z(x) = Y(x)\,C \qquad (x \in \mathfrak{i})$$

gilt. Dabei ist Z genau dann Fundamentallösung, wenn $C \in \mathfrak{I}(\mathfrak{A})$ *gilt.*

Zum *Beweis* ist nur zu beachten, daß — bei beliebigem $a \in \mathfrak{i}$ —

$$U(x) := Y(x)\,Y(a)^{-1}\,Z(a) \qquad (x \in \mathfrak{i})$$

eine Lösung von (3.3.1) mit $U(a) = Z(a)$ liefert, und der Eindeutigkeitssatz anzuwenden. □

Wir legen jetzt wieder einen (B)-Raum $\mathfrak{R}$ über $\mathbb{K}$ zugrunde, bezeichnen wie in 3.1 $\mathfrak{A} = \mathfrak{L}(\mathfrak{R}, \mathfrak{R})$ und betrachten die homogene lineare Dgl in $\mathfrak{R}$

(3.3.4) $$y' = F(x)\,y.$$

Man erhält wie eben

(3.3.5) **Satz:** *Ist*

$$Y: \mathfrak{i} \to \mathfrak{A} \quad \textit{Fundamentallösung von } (3.3.1),$$

$$a \in \mathfrak{i}, \qquad b \in \mathfrak{R},$$

so ist

$$y: \mathfrak{i} \to \mathfrak{R}$$

genau dann Lösung von (3.3.4) *mit*

$$y(a) = b,$$

wenn

$$y(x) = Y(x)\bigl(Y(a)^{-1}\,b\bigr) \qquad (x \in \mathfrak{i})$$

gilt.

Wir bemerken, daß hier der in (3.2.1) notierte Isomorphismus direkt dargestellt ist.

Im folgenden wollen wir nun die konkrete Bedeutung der entwickelten Resultate für lineare DglSysteme 1. Ordnung und Dgln höherer Ordnung betrachten und einige diesbezügliche ergänzende Überlegungen anschließen.

Mit $\mathbb{K} = \mathbb{R}$ oder $\mathbb{K} = \mathbb{C}$ und $n \in \mathbb{N}$ betrachten wir $\mathfrak{R} = \mathbb{K}^n$ als (B)-Raum über $\mathbb{K}$ mit $\dim \mathfrak{R} = n$. Dann kann $\mathfrak{A}$ als Gesamtheit der (n, n)-Matrizen von Elementen aus $\mathbb{K}$ interpretiert werden. Mit $e_1, e_2, \ldots, e_n$ sei die kanonische Basis

$$e_1 = \begin{pmatrix} 1 \\ 0 \\ \vdots \\ 0 \end{pmatrix}, \qquad e_2 = \begin{pmatrix} 0 \\ 1 \\ 0 \\ \vdots \end{pmatrix}, \qquad \ldots, \qquad e_n = \begin{pmatrix} 0 \\ \vdots \\ 0 \\ 1 \end{pmatrix}$$

von $\mathfrak{R}$ bezeichnet.

$$F: \mathfrak{i} \to \mathfrak{A} \quad \textit{stetig}$$

bzw.

$$Y: \mathfrak{i} \to \mathfrak{A} \quad \textit{stetig differenzierbar}$$

können hier als (n, n)-Matrizen aus $\mathbb{K}$-wertigen stetigen bzw. stetig differenzierbaren Funktion $\varphi_{\nu\mu}$ bzw. $\eta_{\nu\mu}$ auf $\mathfrak{i}$ aufgefaßt werden.

Man sieht sofort, daß

$$Y'(x) = F(x)\,Y(x) \qquad (x \in \mathfrak{i})$$

genau dann gilt, wenn für die Spalten y_ν von Y,

$$y_\nu(x) := Y(x)\,e_\nu \qquad (x \in \mathfrak{i};\ \nu = 1, \ldots, n),$$

gilt

$$y_\nu'(x) = F(x)\,y_\nu(x) \qquad (x \in \mathfrak{i};\ \nu = 1, \ldots, n).$$

Eine Fundamentallösung Y von (3.3.1) wird hier auch als *Fundamentalmatrix* bezeichnet. Ihre Spalten y_ν $(\nu = 1, \ldots, n)$ bilden ein *Fundamentalsystem* von Lösungen von (3.3.4).

Man sieht, daß ein Fundamentalsystem genau dann vorliegt, wenn die $y_\nu(x)$ $(\nu = 1, 2, \ldots, n)$ an einer und damit an jeder Stelle $x \in \mathfrak{i}$ linear unabhängig (über $\mathbb{K}$) sind. Gemäß (3.2.1) bilden die y_ν $(\nu = 1, 2, \ldots, n)$ genau dann eine Basis des Nullraumes $\mathfrak{N}_L$ von L.

Ist $Y: \mathfrak{i} \to \mathfrak{A}$ beliebige Matrix-Lösung von (3.3.1), d. h. sind die Spalten y_ν von Y,

$$y_\nu(x) = Y(x)\,e_\nu \qquad (x \in \mathfrak{i};\ \nu = 1, \ldots, n),$$

beliebige Lösungen von (3.3.4), so bezeichnet man $w: \mathfrak{i} \to \mathbb{K}$, definiert durch

$$w(x) := \det Y(x) = \det\big(y_1(x), \ldots, y_n(x)\big) \qquad (x \in \mathfrak{i}),$$

als *Wronskische Determinante* der Matrix-Lösung Y bzw. des Lösungssystems y_ν $(\nu = 1, 2, \ldots, n)$. Satz (3.3.2) besagt hierfür offenbar, daß entweder $w = 0$ oder für alle $x \in \mathfrak{i}$ $w(x) \neq 0$ ist; genau im letzten Fall liegt ein Fundamentalsystem vor.

Dies läßt sich auch durch die Aufstellung einer linearen homogenen Dgl 1. Ordnung für w bestätigen (*Formel von Liouville*)

$$(3.3.6) \qquad w'(x) = \operatorname{spur} F(x)\,w(x) \qquad (x \in \mathfrak{i}).$$

Beim *Beweis* ist der Fall $w = 0$ trivial. Es genügt, $w(x) \neq 0$ $(x \in \mathfrak{i})$ zu betrachten, also die Spalten y_ν von Y als Fundamentalsystem anzunehmen. Wegen der Multilinearität der Determinante ist mit den y_ν auch w differenzierbar und

$$w'(x) = \sum_{\nu=1}^{n} \det\big(y_1(x), \ldots, y_{\nu-1}(x), y_\nu'(x), y_{\nu+1}(x), \ldots, y_n(x)\big) \qquad (x \in \mathfrak{i}).$$

Stellt man $F(x)\,y_\nu(x)$ in der Basis der $y_\nu(x)$ dar,

$$F(x)\,y_\nu(x) = \sum_{\mu=1}^{n} \tilde{\varphi}_{\nu\mu}(x)\,y_\mu(x) \qquad (\nu = 1, 2, \dots, n),$$

so bleibt nach Einsetzen von $y'_\nu(x) = F(x)\,y_\nu(x)$ offenbar

$$w'(x) = \sum_{\nu=1}^{n} \tilde{\varphi}_{\nu\nu}(x)\,w(x).$$

$\sum_{\nu=1}^{n} \tilde{\varphi}_{\nu\nu}(x)$ ist aber gerade die Darstellung von $\operatorname{spur} F(x)$ in der Basis der $y_\nu(x)$. □

Wir notieren schließlich noch die Bedeutung dieser Ergebnisse für die homogene lineare Dgl n-ter Ordnung

$$\eta^{(n)} + f_1(x)\,\eta^{(n-1)} + \dots + f_n(x)\,\eta = 0 \tag{3.3.7}$$

mit

$$f_\nu : \mathfrak{i} \to \mathbb{K} \quad \textit{stetig} \quad (\nu = 1, \dots, n).$$

Die Transformation von 2.4

$$y = \begin{pmatrix} \eta \\ \eta' \\ \vdots \\ \eta^{(n-1)} \end{pmatrix} \tag{3.3.8}$$

liefert hier das zu (3.3.7) äquivalente DglSystem

$$y' = F(x)\,y$$

mit

$$F(x) = \begin{pmatrix} 0 & 1 & 0 & \dots & 0 & 0 \\ 0 & 0 & 1 & & 0 & 0 \\ \vdots & \vdots & & & & \vdots \\ 0 & 0 & & & 1 & 0 \\ 0 & 0 & & \dots & 0 & 1 \\ -f_n(x) & -f_{n-1}(x) & -f_{n-2}(x) & \dots & -f_2(x) & -f_1(x) \end{pmatrix} \tag{3.3.9}$$

Die mit n Lösungen $\eta_1, \dots, \eta_n$ der Dgl (3.3.7) gebildete Matrix

$$Y = \begin{pmatrix} \eta_1 & \eta_2 & \dots & \eta_n \\ \eta'_1 & \eta'_2 & \dots & \eta'_n \\ \vdots & \vdots & & \vdots \\ \eta_1^{(n-1)} & \eta_2^{(n-1)} & \dots & \eta_n^{(n-1)} \end{pmatrix} \tag{3.3.10}$$

heißt *Wronskische Matrix* zu $\eta_1, \ldots, \eta_n$. Ist hier Y Fundamentalmatrix, so bezeichnet man $\eta_1, \ldots, \eta_n$ als *Fundamentalsystem* von (3.3.7).

Wir bemerken, daß n Lösungen $\eta_1, \ldots, \eta_n$ von (3.3.7) genau dann ein Fundamentalsystem bilden, wenn sie (als Elemente von $\mathscr{C}_n(\mathrm{i}, \mathbb{K})$) linear unabhängig sind. Dies folgt, da der Nullraum der mit der linken Seite von (3.3.7) gegebenen linearen Abbildung Λ von $\mathscr{C}_n(\mathrm{i}, \mathbb{K})$ in $\mathscr{C}_0(\mathrm{i}, \mathbb{K})$ über die angewendete Transformation (3.3.8) isomorph zum Nullraum $\mathfrak{N}_L$ der mit dem erhaltenen F gemäß 3.2 definierten Abbildung L ist. Hier hatten wir jedoch schon im Anschluß an Satz (3.3.5) notiert, daß genau für eine Fundamentalmatrix die Spalten eine Basis von $\mathfrak{N}_L$ bilden.

Abschließend sei noch notiert, daß hier die Formel von Liouville wegen $\operatorname{spur} F(x) = -f_1(x)$ für die Wronskische Determinante

$$w(x) = \det Y(x)$$

gerade

$$w'(x) = -f_1(x)\, w(x) \qquad (x \in \mathrm{i})$$

ergibt.

3.4 Transformation

Wir betrachten

(3.4.1) $$y' = F(x)\, y + g(x)$$

unter den Annahmen von 3.1 und notieren das Ergebnis einer Transformation

(3.4.2) $$y(x) = T(x)\, z(x),$$

wobei

$$T : \mathrm{i} \to \mathfrak{I}(\mathfrak{A}) \quad \textit{stetig differenzierbar}$$

angenommen wird.

Einfache Rechnung zeigt:

(3.4.3) *y ist genau dann Lösung von (3.4.1), wenn z Lösung der Dgl*

$$z' = \tilde{F}(x)\, z + \tilde{g}(x)$$

mit

$$\tilde{F}(x) := T(x)^{-1}\left(F(x)\, T(x) - T'(x)\right)$$

$$\tilde{g}(x) := T(x)^{-1}\, g(x)$$

ist.

Dazu ist nur zu vermerken, daß

$$x \mapsto T(x)^{-1}$$

wieder stetig differenzierbar ist. Die Zuordnung

$$\mathfrak{J}(\mathfrak{A}) \ni A \mapsto A^{-1} =: i(A) \in \mathfrak{J}(\mathfrak{A})$$

ist nämlich bekanntlich stetig differenzierbar; die Ableitung ist mit

$$i'(A)\,H = -A^{-1}HA^{-1} \qquad (H \in \mathfrak{A})$$

gegeben. Damit bestimmt man nach der Kettenregel

$$(i \circ T)'(x) = -T(x)^{-1}\,T'(x)\,T(x)^{-1}.$$

Wir wollen noch eine entsprechende Transformation für die lineare Dgl n-ter Ordnung

(3.4.4) $$\eta^{(n)} + f_1(x)\,\eta^{(n-1)} + \ldots + f_n(x)\,\eta = \gamma(x)$$

mit auf i stetigen $\mathbb{K}$-wertigen Funktionen f_ν $(\nu = 1, \ldots, n)$ und γ notieren. Hier werde speziell

(3.4.5) $$\eta(x) = t(x)\,\zeta(x)$$

transformiert, wobei

$$t: \mathrm{i} \to \mathbb{K} \quad n\text{-mal stetig differenzierbar}$$

und

$$t(x) \neq 0 \qquad (x \in \mathrm{i})$$

sei. Man bestätigt unmittelbar, daß dies wieder zu einer Dgl n-ter Ordnung für ζ führt, deren Koeffizienten $\tilde{f}_\nu$ und Inhomogenität $\tilde{\gamma}$ in naheliegender Weise zu bestimmen sind:

(3.4.6) $$\begin{aligned} \tilde{f}_{n-\mu}(x) &= \frac{1}{t(x)} \sum_{\nu=\mu}^{n} \binom{\nu}{\mu} f_{n-\nu}(x)\,t^{(\nu-\mu)}(x) \qquad (\mu = 0, \ldots, n-1), \\ \tilde{\gamma}(x) &= \frac{1}{t(x)}\,\gamma(x) \end{aligned} \qquad (x \in \mathrm{i}).$$

Dabei ist natürlich $f_0(x) = 1$ $(x \in \mathrm{i})$ gesetzt.

Die Transformation (3.4.5) ordnet sich bei der Schreibweise von (3.4.4) als lineares DglSystem 1. Ordnung im $\mathbb{K}^n$ beim Vorhergehenden ein mit Hilfe der Transformationsmatrix

(3.4.7) $$T(x) = \big(t_{\nu\mu}(x)\big)_{(n,n)} \qquad (x \in \mathrm{i})$$

mit

$$t_{\nu\mu}(x) := \begin{cases} 0 & (\nu < \mu), \\ \dbinom{\nu-1}{\mu-1}\,t^{(\nu-\mu)}(x) & (\nu \geqq \mu) \end{cases} \qquad (x \in \mathrm{i}),$$

(ν bezeichnet den Zeilen-, μ den Spaltenindex.) T ist offenbar stetig differenzierbar und wegen $\det T(x) = t(x)^n$ stets invertierbar. T hat die wesentliche Eigenschaft, die Menge der Funktionen $y: \mathfrak{i} \to \mathbb{K}^n$ der Form (3.3.8) bijektiv auf sich abzubilden. Daher ist mit F auch $\tilde{F}$ von der Form (3.3.9). Die entsprechenden $\tilde{f}_\nu$ sind natürlich die oben notierten. Für die jeweiligen Inhomogenitäten bestätigt man — da auch hier T die spezielle Form invariant läßt —, daß mit $g = \gamma e_n$ auch $\tilde{g} = \tilde{\gamma} e_n$ gilt.

3.5 Reduktion

Im folgenden werde ein (B)-Raum $\mathfrak{R}$ zugrunde gelegt, der kartesisches Produkt

$$\mathfrak{R} = \mathfrak{R}_1 \times \mathfrak{R}_2$$

der (B)-Räume $\mathfrak{R}_1$ und $\mathfrak{R}_2$ ist. Seine Elemente schreiben wir als Spalten

$$z = \begin{pmatrix} z_1 \\ z_2 \end{pmatrix}, \qquad z_\nu \in \mathfrak{R}_\nu \qquad (\nu = 1, 2).$$

Für die beschränkten linearen Abbildungen von $\mathfrak{R}$ in sich verwendet man im folgenden zweckmäßig eine Matrixdarstellung. Sie sei zuvor kurz erläutert.

Ist $A \in \mathfrak{A} = \mathfrak{L}(\mathfrak{R}, \mathfrak{R})$, so kann

$$A \begin{pmatrix} z_1 \\ z_2 \end{pmatrix} = \begin{pmatrix} w_1 \\ w_1 \end{pmatrix}$$

in der Form

$$w_1 = A_{11} z_1 + A_{12} z_2,$$
$$w_2 = A_{21} z_1 + A_{22} z_2$$

mit gewissen A bestimmenden beschränkten linearen Abbildungen dargestellt werden:

$$A_{\nu\mu} \in \mathfrak{L}(\mathfrak{R}_\mu, \mathfrak{R}_\nu) \qquad (\nu, \mu = 1, 2).$$

Bei gegebenem A ist z. B. A_{12} durch Zusammensetzung der drei beschränkten linearen Abbildungen

$$z_2 \mapsto \begin{pmatrix} 0 \\ z_2 \end{pmatrix} \overset{A}{\mapsto} \begin{pmatrix} w_1 \\ w_2 \end{pmatrix} \mapsto w_1$$

gegeben. Wir schreiben kurz

$$A = \begin{pmatrix} A_{11} & A_{12} \\ A_{21} & A_{22} \end{pmatrix}.$$

Dies ist insbesondere suggestiv für die Rechnung bei Produkten. Man bestätigt die Übereinstimmung mit dem elementaren Fall $\mathfrak{R} = \mathbb{K} \times \mathbb{K}$:

$$\begin{pmatrix} A_{11} & A_{12} \\ A_{21} & A_{22} \end{pmatrix} \begin{pmatrix} B_{11} & B_{12} \\ B_{21} & B_{22} \end{pmatrix} = \begin{pmatrix} A_{11}B_{11} + A_{12}B_{21} & A_{11}B_{12} + A_{12}B_{22} \\ A_{21}B_{11} + A_{22}B_{21} & A_{21}B_{12} + A_{22}B_{22} \end{pmatrix}.$$

Wir betrachten nun unter den Annahmen von 3.1. die homogene lineare Dgl in $\mathfrak{R} = \mathfrak{R}_1 \times \mathfrak{R}_2$

$$y' = F(x)\, y \tag{3.5.1}$$

Hierzu sei

$$T : \mathrm{i} \to \mathfrak{J}(\mathfrak{A}) \quad \textit{stetig differenzierbar}$$

gegeben, mit der Eigenschaft, daß für jedes $z_1 \in \mathfrak{R}_1$ und $0 \in \mathfrak{R}_2$

$$T(x) \begin{pmatrix} z_1 \\ 0 \end{pmatrix} \qquad (x \in \mathrm{i})$$

eine Lösung von (3.5.1) liefert.

Transformiert man (3.5.1) mit T gemäß 3.4, bildet also gemäß (3.4.3)

$$\tilde{F}(x) = T(x)^{-1} \big(F(x)\, T(x) - T'(x)\big),$$

so muß für alle $z_1 \in \mathfrak{R}_1$ und $0 \in \mathfrak{R}_2$

$$0 = \begin{pmatrix} z_1 \\ 0 \end{pmatrix}' = \tilde{F}(x) \begin{pmatrix} z_1 \\ 0 \end{pmatrix} \qquad (x \in \mathrm{i})$$

gelten. Man hat also für $\tilde{F}$ eine Matrix-Darstellung

$$\tilde{F}(x) = \begin{pmatrix} 0_{11} & \tilde{F}_{12}(x) \\ 0_{21} & \tilde{F}_{22}(x) \end{pmatrix} \qquad (x \in \mathrm{i})$$

mit den jeweiligen Nullabbildungen in der ersten Spalte.

Bildet man nun eine stetig differenzierbare Abbildung

$$Y : \mathrm{i} \to \mathfrak{A}$$

mit

$$Y(x) = T(x)\, Z(x) \tag{3.5.2}$$

und

$$Z(x) = \begin{pmatrix} E_{11} & Z_{12}(x) \\ 0_{21} & Z_{22}(x) \end{pmatrix}, \tag{3.5.3}$$

wobei E_{11} das Einselement von $\mathfrak{L}(\mathfrak{R}_1, \mathfrak{R}_1)$, 0_{21} wieder die entsprechende Nullabbildung ist und

$$Z_{\nu 2} : \mathrm{i} \to \mathfrak{L}(\mathfrak{R}_2, \mathfrak{R}_\nu) \qquad (\nu = 1, 2) \tag{3.5.4}$$

stetig differenzierbar sind, so ist genau dann Y Lösung von

$$Y' = F(x)\, Y,$$

wenn Z_{12} und Z_{22} Lösungen von

$$Z'_{22} = \tilde{F}_{22}(x)\, Z_{22} \tag{3.5.5}$$

und

$$Z'_{12} = \tilde{F}_{12}(x)\, Z_{22} \tag{3.5.6}$$

sind.

Es genügt also die Lösung von (3.5.5) und die Bestimmung

$$Z_{12}(x) = \int_a^x \tilde{F}_{12}(t)\, Z_{22}(t)\, dt + Z_{12}(a) \qquad (x \in \mathrm{i}). \tag{3.5.7}$$

Wie man sofort sieht, ist Y Fundamentallösung von (3.5.1) genau dann, wenn Z Fundamentallösung von $Z' = \tilde{F}(x) Z$, und dies genau dann, wenn Z_{22} Fundamentallösung von (3.5.5) ist.

Die Voraussetzung über T bedeutet die Kenntnis eines gewissen Lösungsraumes von (3.5.1) isomorph zu $\mathfrak{R}_1$. Unser Resultat besagt, daß zur vollständigen Bestimmung des gesamten Lösungsraumes dann die Lösung einer Dgl in $\mathfrak{R}_2$ allein genügt.

Dies wird besonders deutlich, wenn man sich die Interpretation für Systeme im

$$\mathbb{K}^n = \mathbb{K}^r \times \mathbb{K}^s \qquad (r + s = n)$$

ansieht. Die Annahme über $T(x)$ besagt dann gerade, daß die ersten r Spalten von T linear unabhängige Lösungen von (3.5.1) sind, während die letzten s Spalten beliebig stetig differenzierbar, jedoch so gewählt sind, daß $T(x)$ stets invertierbar ist. (3.5.5) wird dann ein DglSystem im $\mathbb{K}^s$. Zur Bestimmung eines Fundamentalsystems von (3.5.1) hat man ein solches für (3.5.5) zu bilden, gemäß (3.5.7) zu integrieren, und mit (3.5.3) dann (3.5.2) zu bilden. Dabei enthält $Y(x)$ offenbar gerade als erste r Spalten die in $T(x)$ verwendeten r Lösungsvektoren von (3.5.1).

Ganz einfach wird die Reduktion für eine Dgl n-ter Ordnung

$$\eta^{(n)} + f_1(x)\,\eta^{(n-1)} + \ldots + f_n(x)\,\eta = 0,$$

falls eine Lösung η_1 mit

$$\eta_1(x) \neq 0 \qquad (x \in \mathrm{i})$$

bekannt ist. Hier führt offenbar die Transformation (3.4.5) mit $t = \eta_1$ zu einer homogenen linearen Dgl $(n-1)$-ter Ordnung für ζ'. Es wird dann nämlich gerade $\tilde{f}_n = 0$.

Die entsprechende Einordnung in das obige Reduktionsverfahren, die mit der speziellen Transformationsmatrix T aus (3.4.7) erfolgt, liefert: Sind die $n-1$ Funktionen $\zeta'_2, \ldots, \zeta'_n$ linear unabhängige Lösungen der homogenen linearen Dgl $(n-1)$-ter Ordnung mit den $\tilde{f}_1, \ldots, \tilde{f}_{n-1}$, so hat man $\zeta_2, \ldots, \zeta_n$ durch Integration zu bestimmen und erhält mit

$$\eta_1, \eta_1\zeta_2, \ldots, \eta_1\zeta_n$$

n linear unabhängige Lösungen der ursprünglichen homogenen linearen Dgl n-ter Ordnung.

3.6 Inhomogene lineare Dgln

Wir betrachten jetzt die Dgl

$$y' = F(x)\,y + g(x) \tag{3.6.1}$$

unter den Annahmen von 3.1. Wir wollen zeigen, daß die Methode von 1.3 (*Variation der Konstanten*) hier entsprechend verwendet werden kann. Man erhält danach die Lösungen von (3.6.1) durch Integration, falls eine Fundamentallösung von

$$Y' = F(x)\,Y \tag{3.6.2}$$

bekannt ist.

Transformiert man nämlich mit einer Fundamentallösung Y von (3.6.2) gemäß 3.4.

$$y(x) = Y(x)\,c(x) \qquad (x \in \mathfrak{i}),$$

so wird $\tilde{F} = 0$ und folglich y genau dann Lösung von (3.6.1), wenn c stetig differenzierbar ist und

$$c'(x) = Y(x)^{-1}\,g(x) \qquad (x \in \mathfrak{i})$$

erfüllt.

Die Lösung von (3.6.1) mit

$$y(a) = b$$

wird damit durch

$$y(x) = Y(x)\left(Y(a)^{-1}\,b + \int_a^x Y(t)^{-1}\,g(t)\,dt\right) \tag{3.6.3}$$

dargestellt. Diese Formel gibt offenbar explizit die Umkehrabbildung des in (3.2.4) vermerkten Isomorphismus wieder.

Die Bedeutung von (3.6.3) für eine Dgl n-ter Ordnung

$$\eta^{(n)} + f_1(x)\,\eta^{(n-1)} + \dots + f_n(x)\,\eta = \gamma(x)$$

wird sofort sichtbar, wenn man (3.3.10) und $g(x) = \gamma(x)\,e_n$ beachtet, die bekannte Darstellung der inversen Matrix durch Determinante und algebraische Komplemente benutzt und in (3.6.3) nur das erste Element aufschreibt.

Man erhält speziell für die Lösung η mit $\eta(a) = \eta'(a) = \dots = \eta^{(n-1)}(a) = 0$

$$\eta(x) = \sum_{\nu=1}^{n} \eta_\nu(x) \int_a^x \gamma(t)\,\frac{w_\nu(t)}{w(t)}\,dt \qquad (x \in \mathfrak{i}), \tag{3.6.4}$$

wobei die $w_\nu(t)$ gerade die algebraischen Komplemente von $\eta_\nu^{(n-1)}(t)$ in der bekannten Fundamentalmatrix $Y(t)$ mit $w(t) = \det Y(t)$ sind.

3.7 Die Exponentialfunktion in (*B*)-Algebren

Sei $\mathfrak{A}$ eine (*B*)-Algebra über $\mathbb{K} = \mathbb{R}$ oder $\mathbb{K} = \mathbb{C}$ mit Einselement *E*. Für jedes $A \in \mathfrak{A}$ hat die Reihe

$$E + \frac{1}{1!}A + \frac{1}{2!}A^2 + \ldots + \frac{1}{n!}A^n + \ldots$$

wegen

$$|A^n| \leqq |A|^n \qquad (n \in \mathbb{N})$$

die Majorante

$$|E| + \sum_{n=1}^{\infty} \frac{|A|^n}{n!},$$

ist also konvergent und besitzt eine Reihensumme in $\mathfrak{A}$. Wir definieren

(3.7.1) $$\exp(A) := \sum_{n=0}^{\infty} \frac{1}{n!} A^n,$$

wobei, wie stets, $A^0 = E$ gesetzt ist.

Man erkennt leicht:

(3.7.2) *Ist* $\mathfrak{A}_1$ *(B)-Unteralgebra von* $\mathfrak{A}$ *mit* $E \in \mathfrak{A}_1$, *so gilt*

$$\exp(\mathfrak{A}_1) \subset \mathfrak{A}_1.$$

(3.7.3) Für $A \in \mathfrak{A}$ und $B \in \mathfrak{J}(\mathfrak{A})$ gilt

$$\exp(B^{-1}AB) = B^{-1}\exp(A)\,B.$$

(3.7.4) *Für* $P \in \mathfrak{A}$ *mit* $P^2 = P$ *(P idempotent) und* $\lambda \in \mathbb{K}$ *gilt*

$$\exp(\lambda P) = (E - P) + \exp(\lambda)\,P.$$

(3.7.5) *Für* $A \in \mathfrak{A}$ *gilt*

$$|\exp(A)| \leqq \exp(|A|) + |E| - 1.$$

Nicht ganz so einfach ergibt sich

(3.7.6) *Für* $A, B \in \mathfrak{A}$ *mit* $AB = BA$ *gilt die Funktionalgleichung*

$$\exp(A + B) = \exp(A)\exp(B).$$

Zum *Beweis* schätzt man ab:

$$\left| \sum_{\mu=0}^{2m} \frac{1}{\mu!}(A + B)^\mu - \sum_{\rho=0}^{m} \frac{1}{\rho!}A^\rho \sum_{\kappa=0}^{m} \frac{1}{\kappa!}B^\kappa \right| \leqq \sum_{\mu=m+1}^{2m} \frac{1}{\mu!}(|A| + |B|)^\mu \to 0$$

$$(m \to \infty). \qquad \square$$

Unmittelbare Folgerung aus (3.7.6) ist:

(3.7.7) *Für* $A \in \mathfrak{A}$ *ist* $\exp(A) \in \mathfrak{J}(\mathfrak{A})$ *und*

$$\exp(A)^{-1} = \exp(-A).$$

Weiter zeigen wir:

(3.7.8) *Ist* $\mathfrak{A}$ *kommutativ, so ist die Abbildung*

$$\exp : \mathfrak{A} \to \mathfrak{A}$$

differenzierbar. Die Ableitung ist durch

$$\exp'(A)\, H = \exp(A)\, H \qquad (H \in \mathfrak{A})$$

gegeben (links: lineare Abbildung; rechts: Produkt).

Der *Beweis* ist mit (3.7.6) und

$$\exp(A + H) - \exp(A) - \exp(A)\, H = \exp(A)\big(\exp(H) - E - H\big) = \mathcal{O}(|H|^2)$$

gegeben. □

Diese letzte Feststellung zeigt die wesentliche Bedeutung für lineare Dgln.

(3.7.9) **Satz:** *Es sei* $\mathfrak{i}$ *Intervall in* $\mathbb{R}$, $a \in \mathfrak{i}$ *und*

$$F : \mathfrak{i} \to \mathfrak{A} \quad \textit{stetig.}$$

Für $x_1, x_2 \in \mathfrak{i}$ *gelte stets*

$$F(x_1)\, F(x_2) = F(x_2)\, F(x_1).$$

Schließlich sei

$$Y(x) := \exp\left(\int_a^x F(t)\, dt \right) \qquad (x \in \mathfrak{i}).$$

Dann ist

$$Y : \mathfrak{i} \to \mathfrak{A}$$

Fundamentallösung von

$$Y' = F(x)\, Y.$$

Zum *Beweis* konstruiert man zunächst eine kommutative (*B*)-Unteralgebra $\mathfrak{A}_1$ von $\mathfrak{A}$ mit $F(\mathfrak{i}) \subset \mathfrak{A}_1$ und $E \in \mathfrak{A}_1$. Eine solche, und zwar offenbar gerade die kleinste, ist die abgeschlossene Hülle aller endlichen Linearkombinationen (über $\mathbb{K}$) von Produkten

$$\prod_{\rho=1}^{r} F(x_\rho) \qquad (x_\rho \in \mathfrak{i},\ r \in \mathbb{N}_0),$$

wobei ein leeres Produkt E zu setzen ist. Wir können nun $\mathfrak{A} = \mathfrak{A}_1$ annehmen.

Dann gilt wegen (3.7.8) nach der Kettenregel

$$Y'(x) = \exp\left(\int_a^x F(t)\, dt \right) F(x) = F(x)\, Y(x),$$

was zu zeigen war. □

Eine Folgerung ist:

(3.7.10) **Satz:** *Sei* $\mathfrak{R}$ *(B)-Raum von endlicher Dimension über* $\mathbb{K}$ *und* $\mathfrak{A} = \mathfrak{L}(\mathfrak{R}, \mathfrak{R})$. *Dann gilt für* $A \in \mathfrak{A}$

$$\det(\exp(A)) = \exp(\operatorname{spur} A).$$

Zum *Beweis* beachtet man, daß nach Satz (3.7.9)

$$Y(x) := \exp(xA) \qquad (x \in \mathbb{R})$$

die Lösung von

$$Y' = AY, \qquad Y(0) = E$$

liefert. Für

$$w(x) := \det Y(x) \qquad (x \in \mathbb{R})$$

gilt nach (3.3.6)

$$w'(x) = \operatorname{spur} A\, w(x), \qquad w(0) = 1,$$

also

$$w(x) = \exp(x \operatorname{spur} A) \qquad (x \in \mathbb{R}).$$

Mit $x = 1$ gibt das die Behauptung. □

Im folgenden sei wieder eine beliebige (*B*)-Algebra $\mathfrak{A}$ über $\mathbb{K}$ mit Einselement E zugrunde gelegt. Wir beschäftigen uns mit der Aufgabe, ein $A \in \mathfrak{A}$, das wegen (3.7.7) natürlich als invertierbar angenommen werden muß, mit einem $B \in \mathfrak{A}$ in der Form

$$A = \exp(B)$$

darzustellen.

Wir beginnen mit einfachen Teilresultaten.

(3.7.11) *Sei* $P \in \mathfrak{A}$ *mit* $P^2 = P$ *und* $\lambda \in \mathbb{K}$ *mit* $\lambda \neq 0$ *im Fall* $\mathbb{K} = \mathbb{C}$ *und* $\lambda > 0$ *im Fall* $\mathbb{K} = \mathbb{R}$. *Dann gilt mit* $Q := E - P$

$$\exp(\log(\lambda)\, P) = Q + \lambda P.$$

Dies folgt sofort aus (3.7.4).

(3.7.12) *Sei* $C \in \mathfrak{A}$ *mit*

(*) $$E + tC \in \mathfrak{J}(\mathfrak{A}) \qquad (t \in [0, 1]).$$

Dann existiert

$$B := C\int_0^1 (E + tC)^{-1}\,dt,$$

und es gilt

$$\exp(B) = E + C.$$

Hinreichend für (∗) *ist*

(∗∗) $$\limsup_{n\to\infty} |C^n|^{1/n} < 1;$$

man hat dann

$$B = \sum_{n=1}^{\infty} (-1)^{n-1}\frac{1}{n}C^n.$$

Zum *Beweis* geht man zweckmäßig von

$$F(x) := C(E + xC)^{-1} \qquad (x \in [0, 1])$$

aus. Wegen (∗) ist F definiert und stetig (vgl. auch den Beweis zu (3.4.2)). Hiermit betrachten wir nun das Anfangswertproblem

$$Y' = F(x)\,Y, \qquad Y(0) = E.$$

Für die eindeutig bestimmte Lösung Y gilt

$$Y(x) = \begin{cases} E + xC \\ \\ \exp\left(C\displaystyle\int_0^x (E + tC)^{-1}\,dt\right) \end{cases} \qquad (x \in [0, 1]),$$

wobei die erste Darstellung sofort zu bestätigen ist und die zweite mit Satz (3.7.9) folgt. Einsetzen von $x = 1$ liefert die Behauptung $\exp(B) = E + C$.

Da mit $\rho := (\limsup_{n\to\infty} |C^n|^{1/n})^{-1} > 0$ für $t \in (-\rho, \rho)$

$$(E + tC)^{-1} = \sum_{n=0}^{\infty} (-t)^n C^n$$

gilt, folgt aus (∗∗) sofort (∗). Aus der gleichmäßigen Konvergenz der Reihe auf [0, 1] ergibt sich durch gliedweise Integration die Reihendarstellung für B. □

Trivial ist natürlich die Bemerkung

(3.7.13) *Für* $\kappa = 1, \ldots, k$, *seien* $A_\kappa \in \mathfrak{A}$ *mit* $B_\kappa \in \mathfrak{A}$

$$A_\kappa = \exp(B_\kappa)$$

dargestellt. Sind dabei die B_κ *paarweise vertauschbar,*

$$B_\kappa B_\mu = B_\mu B_\kappa \qquad (\kappa \neq \mu),$$

so ist

$$A := A_1 A_2 \dots A_k$$

mit

$$B := B_1 + B_2 + \dots + B_k$$

darstellbar

$$A = \exp(B).$$

Dies folgt unmittelbar aus (3.7.6).

Aus (3.7.11) und (3.7.12) folgt mit (3.7.13)

(3.7.14) **Satz:** $A \in \mathfrak{A}$ *besitze eine Darstellung*

$$A = \sum_{\kappa=1}^{k} \lambda_\kappa P_\kappa + N$$

mit $k \in \mathbb{N}$, $\lambda_\kappa \in \mathbb{K}$ $(\kappa = 1, \dots, k)$, $0 \neq P_\kappa \in \mathfrak{A}$ $(\kappa = 1, \dots, k)$ *und* $N \in \mathfrak{A}$; *dabei gelte*

(α) $P_\kappa P_\mu = P_\mu P_\kappa = \delta_{\kappa\mu} P_\kappa$ $(\kappa, \mu = 1, 2, \dots, k)$, $\sum_{\kappa=1}^{k} P_\kappa = E$;
(β) N *nilpotent* $(\exists\, r \in \mathbb{N} : N^r = 0)$;
(γ) $P_\kappa N = N P_\kappa$ $(\kappa = 1, 2, \dots, k)$;
(δ) *im Fall* $\mathbb{K} = \mathbb{C} : \lambda_\kappa \neq 0$ $(\kappa = 1, \dots, k)$
im Fall $\mathbb{K} = \mathbb{R} : \lambda_\kappa > 0$ $(\kappa = 1, \dots, k)$.

Dann ist

$$A = \exp(B)$$

mit

$$B := \sum_{\kappa=1}^{k} \log(\lambda_\kappa) P_\kappa + \tilde{N}$$

darstellbar, wobei

$$\tilde{N} := \sum_{\kappa=1}^{k} P_\kappa \left(\sum_{m=1}^{r-1} (-1)^{m-1} \frac{1}{m} \lambda_\kappa^{-m} N^m \right)$$

wieder nilpotent $(\tilde{N}^r = 0)$ *und mit allen* P_κ *vertauschbar ist.*

Zum *Beweis* setzen wir

$$Q_\kappa := E - P_\kappa \qquad (\kappa = 1, \dots, k)$$

und

$$N_0 := \sum_{\kappa=1}^{k} \frac{1}{\lambda_\kappa} P_\kappa N.$$

Man bestätigt dann unmittelbar $N_0^r = 0$ und

$$A = (Q_1 + \lambda_1 P_1) \dots (Q_k + \lambda_k P_k)(E + N_0),$$

sowie die paarweise Vertauschbarkeit aller auftretenden Elemente. Nun kann man k-mal (3.7.11) und einmal (3.7.12) anwenden und erhält über (3.7.13) $A = \exp(B)$ mit dem genannten B. □

Die wesentliche Bedeutung von Satz (3.7.14) liegt darin, daß für $\mathfrak{A} = \mathfrak{L}(\mathfrak{R}, \mathfrak{R})$ mit endlich-dimensionalem (B)-Raum $\mathfrak{R}$ über $\mathbb{K} = \mathbb{C}$ jedes invertierbare $A \in \mathfrak{A}$ derart darstellbar ist (Jordansche Normalform). Allgemeiner gilt für $\mathbb{K} = \mathbb{C}$ eine Darstellung gemäß (3.7.14) ohne (δ) genau dann, wenn die von A erzeugte Unteralgebra endlichdimensional ist.

3.8 Homogene lineare Dgln mit konstanten Koeffizienten

Für eine (B)-Algebra $\mathfrak{A}$ über $\mathbb{K} = \mathbb{C}$ oder $\mathbb{K} = \mathbb{R}$ mit Einselement E sind die Lösungen der homogenen linearen Dgl in $\mathfrak{A}$

(3.8.1) $$Y' = AY$$

mit konstantem

$$A \in \mathfrak{A}$$

prinzipiell mit Satz (3.7.9) und Satz (3.3.3) angegeben. Entsprechendes gilt für einen (B)-Raum $\mathfrak{R}$ über $\mathbb{K} = \mathbb{C}$ oder $\mathbb{K} = \mathbb{R}$, $\mathfrak{A} = \mathfrak{L}(\mathfrak{R}, \mathfrak{R})$ und die homogene lineare Dgl in $\mathfrak{R}$

(3.8.2) $$y' = Ay$$

bei Hinzuziehung von Satz (3.3.5)

Danach liefert

(3.8.3) $$Y(x) := \exp(xA) \qquad (x \in \mathbb{R})$$

die Fundamentallösung mit

$$Y(0) = E.$$

Man erhält alle Lösungen von (3.8.1) bzw. (3.8.2) in der Form

$$Z(x) = Y(x)\,C$$

bzw.

$$z(x) = Y(x)\,c$$

mit konstantem $C \in \mathfrak{A}$ bzw. $c \in \mathfrak{R}$.

Gegenstand des Folgenden sind genauere Strukturaussagen über Lösungen von (3.8.1) und (3.8.2), die sich aus einer genaueren Kenntnis der Struktur von A ergeben. Sie dienen insbesondere dazu, für den Fall $\mathfrak{R} = \mathbb{K}^n$ Lösungen in einer gegenüber (3.8.3) praktikableren geschlossenen Form zu erhalten.

Wir notieren zunächst für eine (B)-Algebra $\mathfrak{A}$ über $\mathbb{K}$ mit Einselement E:

(3.8.4) **Satz:** *$A \in \mathfrak{A}$ besitze eine Darstellung*

$$A = \sum_{\kappa=1}^{k} \lambda_\kappa P_\kappa + N$$

mit den Eigenschaften (α), (β), (γ) *von Satz* (3.7.14).
Dann wird (3.8.3) *zu*

$$Y(x) = \left(\sum_{\kappa=1}^{k} \exp(x\lambda_\kappa) P_\kappa \right) \left(\sum_{n=0}^{r-1} \frac{1}{n!} x^n N^n \right)$$

und dies mit

$$N_\kappa := P_\kappa N \qquad (\kappa = 1, 2, \ldots, k)$$

zu

$$Y(x) = \sum_{\kappa=1}^{k} \exp(x\lambda_\kappa) P_\kappa \sum_{n=0}^{r_\kappa - 1} \frac{1}{n!} x^n N_\kappa^n,$$

wobei die r_κ *minimal aus* ℕ *mit*

$$N_\kappa^{r_\kappa} = 0$$

gewählt sind.

Zum Beweis sind nur die einfachen Eigenschaften von exp anzuwenden. □

Die Bedeutung des Satzes liegt darin, daß eine Darstellung durch numerische Exponentialfunktionen und Polynome gelingt.

Wir vermerken, daß die angenommene Darstellung für A die Aufspaltung von $\mathfrak{A}$ als (B)-Raum in die direkte Summe der Unteralgebren

$$\mathfrak{A}_{\kappa\mu} := P_\kappa \mathfrak{A} P_\mu \qquad (\kappa, \mu = 1, 2, \ldots, k)$$

und

$$A C_{\kappa\mu} = (\lambda_\kappa E + N_\kappa) C_{\kappa\mu} \qquad (C_{\kappa\mu} \in \mathfrak{A}_{\kappa\mu})$$

bedeutet. Die Lösung von (3.8.1) mit dem Anfangswert $C_{\kappa\mu} \in \mathfrak{A}_{\kappa\mu}$ bei $a = 0$ ist durch

$$\exp(x\lambda_\kappa) \sum_{n=0}^{r_\kappa - 1} \frac{1}{n!} x^n N_\kappa^n C_{\kappa\mu} \qquad (x \in \mathbb{R})$$

gegeben; ihre Werte liegen sämtlich in $\mathfrak{A}_{\kappa\mu}$.

Für einen (B)-Raum $\mathfrak{R}$ über $\mathbb{K}$ und $\mathfrak{A} = \mathfrak{L}(\mathfrak{R}, \mathfrak{R})$ erhält man ähnlich

(3.8.5) **Satz:** $b \in \mathfrak{R}$ *sei Hauptvektor der Ordnung* $r \in \mathbb{N}$ *zum Eigenwert* $\lambda \in \mathbb{K}^{\cdot}$ *von* $A \in \mathfrak{A}$:

$$(A - \lambda E)^r b = 0, \qquad (A - \lambda E)^{r-1} b \neq 0.$$

Dann liefern

$$y_\rho(x) = \exp(x\lambda) \sum_{n=0}^{\rho-1} \frac{1}{n!} x^n (A - \lambda E)^{r-\rho+n} b \qquad (x \in \mathbb{R}; \rho = 1, \ldots, r)$$

die r *linear unabhängigen Lösungen von* (3.8.2) *mit*

$$y_\rho(0) = (A - \lambda E)^{r-\rho} b.$$

Dies folgt durch Auswertung von

$$\exp(xA)(A - \lambda E)^{r-\rho} b = \exp(x\lambda)\exp\big(x(A - \lambda E)\big)(A - \lambda E)^{r-\rho} b$$

und mit der Bemerkung, daß die

$$(A - \lambda E)^{r-\rho} b \qquad (\rho = 1, \ldots, r)$$

als Hauptvektoren der Ordnung ρ linear unabhängig sind. □

Die beiden Sätze (3.8.4) und (3.8.5) hängen in der Weise zusammen, daß im Falle eines (B)-Raumes $\mathfrak{R}$ über $\mathbb{K}$ und $\mathfrak{A} = \mathfrak{L}(\mathfrak{R}, \mathfrak{R})$ die im Satz (3.8.4) für A geforderte Darstellung gerade bedeutet, daß jedes $b \in P_\kappa \mathfrak{R} \setminus \{0\}$ ein Hauptvektor einer Ordnung $\leqq r_\kappa$ zum Eigenwert λ_κ von A ist und sich $\mathfrak{R}$ überdies als direkte Summe der Unterräume $P_\kappa \mathfrak{R}$ von Hauptvektoren darstellen läßt.

Sei nun $\mathfrak{R}$ endlich-dimensionaler (B)-Raum über $\mathbb{C}$.

Dann gibt es (Jordansche Normalform) eine Basis aus Hauptvektoren, die so gewählt werden kann, daß sie in Scharen der oben betrachteten Art (entsprechend den Kästchen der Jordanschen Normalform) zerfällt. Das liefert mit Satz (3.8.5) die Darstellung eines Fundamentalsystems von Lösungen von (3.8.2).

Wir können auf eine explizite Notierung verzichten. Sie ist eine reine Bezeichnungsaufgabe.

Hat man spezieller $\mathfrak{R} = \mathbb{C}^n$ und ist A eine reelle Matrix, so kann man die Hauptvektoren zu reellen Eigenwerten reell annehmen. Zu konjugiert-komplexen Eigenwerten können die entsprechenden Hauptvektoren konjugiert-komplex gewählt werden. Eine Zerlegung der hierzu gebildeten Lösungen in Real- und Imaginärteil liefert dann offenbar ein Fundamentalsystem mit Werten in $\mathbb{R}^n$. Dabei treten offenbar mit $\lambda_\kappa = \alpha_\kappa + i\beta_\kappa$, $(\alpha_\kappa, \beta_\kappa \in \mathbb{R})$

$$\exp(x\lambda_\kappa) = \exp(x\alpha_\kappa)\big(\cos(x\beta_\kappa) + i\sin(x\beta_\kappa)\big)$$

auf.

3.9 Lineare Dgln mit konstanten Koeffizienten und speziellen Inhomogenitäten

Es sei $\mathfrak{R}$ (B)-Raum über $\mathbb{K}$ und $\mathfrak{A} = \mathfrak{L}(\mathfrak{R}, \mathfrak{R})$. Wir wollen hier die spezielle inhomogene Dgl

(3.9.1) $$y' = Ay + x^s \exp(x\alpha)\, c$$

mit

$$A \in \mathfrak{A}, \qquad \alpha \in \mathbb{K}, \qquad s \in \mathbb{N}_0, \qquad c \in \mathfrak{R} \setminus \{0\}$$

betrachten und in zwei einfachen Fällen eine Lösung angeben.

(3.9.2) *Es gebe ein $d \in \mathfrak{R}$ mit*

$$(A - \alpha E)^{s+1} d = -s!\,c.$$

Dann ist

$$y(x) = \exp(x\alpha) \sum_{n=0}^{s} \frac{x^n}{n!} (A - \alpha E)^n d$$

eine (spezielle) Lösung von (3.9.1).

Dies zeigt die Rechnung

$$y'(x) = \alpha y(x) + \exp(x\alpha) \sum_{n=1}^{s} \frac{x^{n-1}}{(n-1)!} (A - \alpha E)^n d =$$

$$= \alpha y(x) + (A - \alpha E)\, y(x) - \exp(x\alpha) \frac{x^s}{s!} (A - \alpha E)^{s+1} d =$$

$$= A y(x) + \exp(x\alpha)\, x^s c. \quad \square$$

(3.9.3) *Es gebe ein* $r \in \mathbb{N}$ *mit*

$$(A - \alpha E)^r c = 0.$$

Dann ist

$$y(x) = s!\, \exp(x\alpha) \sum_{n=0}^{r-1} \frac{x^{n+s+1}}{(n+s+1)!} (A - \alpha E)^n c$$

eine (spezielle) Lösung von (3.9.1)

Hier rechnet man

$$y'(x) = \alpha y(x) + s!\, \exp(x\alpha) \sum_{n=0}^{r-1} \frac{x^{n+s}}{(n+s)!} (A - \alpha E)^n c =$$

$$= \alpha y(x) + (A - \alpha E)\, y(x) + \exp(x\alpha)\, x^s c. \quad \square$$

Diese Bemerkungen reichen im Falle eines endlich-dimensionalen (B)-Raumes $\mathfrak{R}$ über $\mathbb{K}$ vollständig aus. Ist α nicht Eigenwert, so liegt der Fall (3.9.2) vor. Ist α Eigenwert, so kann man $\mathfrak{R}$ als direkte Summe

$$\mathfrak{R} = \mathfrak{H}_\alpha \dotplus \mathfrak{U}_\alpha$$

A-invarianter Unterräume darstellen, wo $\mathfrak{H}_\alpha$ Hauptraum zu α ist und $(A - \alpha E)|_{\mathfrak{U}_\alpha}$ $\mathfrak{U}_\alpha$ bijektiv auf sich abbildet. Zerlegt man dann entsprechend

$$c = h + u \qquad (h \in \mathfrak{H}_\alpha,\ u \in \mathfrak{U}_\alpha),$$

so kann für die Inhomogenität $\exp(x\alpha)\, x^s u$ (3.9.2) und für die Inhomogenität $\exp(x\alpha)\, x^s h$ (3.9.3) angewendet werden; die Summe der entsprechenden Lösungen liefert eine Lösung für die gewünschte Inhomogenität $\exp(x\alpha)\, x^s c$.

Wir bemerken abschließend, daß man durch Summierung entsprechender

Lösungen für die Monome allgemeiner eine Lösung für Inhomogenitäten der Gestalt

$$\sum_{\kappa=1}^{k} \exp(x\alpha_\kappa)\, p_\kappa(x)$$

erhalten kann, wo p_κ Polynome mit Koeffizienten in $\mathfrak{R}$ sind.

3.10 Lineare Dgln höherer Ordnung mit konstanten Koeffizienten

Wir betrachten im folgenden zunächst die homogene lineare Dgl n-ter Ordnung

(3.10.1) $$\eta^{(n)} + \gamma_1 \eta^{(n-1)} + \ldots + \gamma_n \eta = 0$$

mit konstanten Koeffizienten

$$\gamma_\nu \in \mathbb{C} \qquad (\nu = 1, \ldots, n).$$

Hierbei spielt das entsprechende Polynom

(3.10.2) $$\varphi(t) = t^n + \gamma_1 t^{n-1} + \ldots + \gamma_n$$

eine entscheidende Rolle.

Die Reduktion auf ein homogenes lineares DglSystem 1. Ordnung

$$y' = Ay$$

ergibt gemäß (3.3.9) die Matrix

(3.10.3) $$A = \begin{pmatrix} 0 & 1 & 0 & \ldots & \ldots & 0 \\ 0 & 0 & 1 & & & 0 \\ \vdots & \vdots & & & & \\ 0 & 0 & \ldots & & 0 & 1 \\ -\gamma_n & -\gamma_{n-1} & \ldots & & -\gamma_2 & -\gamma_1 \end{pmatrix}$$

Zur Interpretation der allgemeinen Ergebnisse von 3.8 für diesen Fall benötigen wir den algebraischen Satz:

(3.10.4) **Satz:**

1) *Es gilt*

$$\det(tE - A) = \varphi(t).$$

2) *Ist $\lambda \in \mathbb{C}$ Nullstelle der (genauen) Ordnung r von φ, so liefert*

$$v : \mathbb{C} \to \mathbb{C}^n,$$

definiert durch

$$v(t) = \begin{pmatrix} 1 \\ t \\ \vdots \\ t^{n-1} \end{pmatrix} \qquad (t \in \mathbb{C}),$$

mit

$$b_\rho := \frac{1}{(\rho-1)!} v^{(\rho-1)}(\lambda) \qquad (\rho = 1, 2, \ldots, r)$$

ein System von r Hauptvektoren zum Eigenwert λ von A, für das

$$(A - \lambda E)\, b_\rho = \begin{cases} 0 & (\rho = 1), \\ b_{\rho-1} & (\rho = 2, 3, \ldots, r) \end{cases}$$

gilt.

Zum *Beweis* geht man von der Identität

$$(A - tE)\, v(t) = -\varphi(t)\, e_n$$

aus. ρ-malige Differentiation liefert

$$(A - tE)\, v^{(\rho)}(t) = \rho v^{(\rho-1)}(t) - \varphi^{(\rho)}(t)\, e_n.$$

Einsetzen von $t = \lambda$ für $\rho = 0, 1, \ldots, r-1$ ergibt mit $\varphi^{(\rho)}(\lambda) = 0$, daß die r linear unabhängigen Vektoren b_ρ Hauptvektoren zu λ von A sind. Das ist Aussage 2). Aussage 1) folgt hieraus, da die Summe der Ordnungen der Nullstellen von φ gerade n ist, alle so erhaltenen Hauptvektoren zusammen also eine Jordanbasis bilden. Damit ist r die algebraische Ordnung von λ als Eigenwert von A (Dimension des Hauptraumes) und somit die Ordnung von λ als Nullstelle des charakteristischen Polynoms von A. □

Satz (3.8.5) liefert nun mit Satz (3.10.4) zu einer Nullstelle λ der Ordnung r von φ gerade die r linear unabhängigen Lösungen

$$\text{(3.10.5)} \quad y_\rho(x) = \exp(x\lambda)\left(b_\rho + \frac{x}{1!} b_{\rho-1} + \ldots + \frac{x^{\rho-1}}{(\rho-1)!} b_1 \right) \qquad (\rho = 1, 2, \ldots, r)$$

des DglSystems

$$y' = Ay.$$

Geht man zu den ersten Komponenten über, so erhält man die entsprechenden Lösungen von (3.10.1)

$$\text{(3.10.6)} \qquad \eta_\rho(x) = \exp(x\lambda) \frac{x^{\rho-1}}{(\rho-1)!} \qquad (\rho = 1, 2, \ldots, r).$$

Schreibt man diese Schar von Lösungen für jede Nullstelle λ von φ auf, so erhält man insgesamt n Funktionen, die ein Fundamentalsystem liefern.

Die Lösungen (3.10.6) lassen sich natürlich auch sehr leicht direkt bestätigen, indem man mit dem durch die linke Seite von (3.10.1) definierten Differentialoperator Λ

$$\Lambda(\exp(xt)) = \varphi(t) \exp(xt) \qquad (t \in \mathbb{C})$$

beachtet und ρ-mal nach t differenziert, was

(3.10.7) $$\Lambda\left(x^{\rho}\exp(xt)\right) = \sum_{n=0}^{\rho}\binom{\rho}{n}\varphi^{(n)}(t)\,x^{\rho-n}\exp(xt)$$

liefert.

Dieser Gedanke führt auch zur elementareren Gewinnung einer Lösung der speziellen inhomogenen linearen Dgl n-ter Ordnung

(3.10.8) $$\eta^{(n)} + \gamma_1\eta^{(n-1)} + \dots + \gamma_n\eta = x^s\exp(x\alpha)$$

mit

$$\gamma_\nu\in\mathbb{C}\qquad(\nu = 1,\dots,n),\qquad \alpha\in\mathbb{C},\qquad s\in\mathbb{N}_0,$$

die sich natürlich in 3.9 einordnen läßt.

Man zerlegt dazu

$$\varphi(t) = (t-\alpha)^r\,\psi(t),\qquad r\in\mathbb{N}_0,\qquad \psi(\alpha)\neq 0.$$

Hiermit hat man nach dem Vorhergehenden

$$\Lambda\left(\frac{1}{\psi(t)}\exp(tx)\right) = (t-\alpha)^r\exp(tx)\qquad(t\in\mathbb{C},\ \psi(t)\neq 0).$$

Differenziert man (für t um α) $(r+s)$-mal nach t und setzt $t=\alpha$ ein, so entsteht

(3.10.9) $$\Lambda\left(\frac{\partial^{r+s}}{\partial t^{r+s}}\left(\frac{1}{\psi(t)}\exp(tx)\right)\bigg|_{t=\alpha}\right) = \frac{(r+s)!}{s!}\,x^s\exp(x\alpha).$$

3.11 Periodische homogene lineare Dgln

Wir gehen wieder von einer beliebigen (B)-Algebra $\mathfrak{A}$ über $\mathbb{K}=\mathbb{R}$ oder $\mathbb{K}=\mathbb{C}$ mit Einselement E aus.

Es sei jetzt

$$F:\mathbb{R}\to\mathfrak{A}\quad \textit{stetig}$$

und 1-periodisch

(3.11.1) $$F(x+1) = F(x)\qquad(x\in\mathbb{R}).$$

Hiermit wird die homogene lineare Dgl

(3.11.2) $$Y' = F(x)\,Y$$

untersucht. Unser Ziel ist, aus der Periodizität (3.11.1) Aussagen über die Struktur der Lösungen abzuleiten.

Ausgangspunkt ist die mit (3.11.1) sofort ablesbare Bemerkung

(3.11.3) *Y ist Lösung bzw. Fundamentallösung von* (3.11.2) *genau dann, wenn* $\tilde{Y}$, *definiert durch*

$$\tilde{Y}(x) := Y(x+1) \qquad (x \in \mathbb{R}),$$

Lösung bzw. Fundamentallösung von (3.11.2) *ist.*

Hieraus folgt mit Satz (3.3.3):

(3.11.4) *Zu jeder Fundamentallösung Y von* (3.11.2) *gibt es eindeutig ein*

$$B_Y \in \mathfrak{I}(\mathfrak{A})$$

mit

$$Y(x+1) = Y(x)\, B_Y \qquad (x \in \mathbb{R}).$$

Wir nennen gelegentlich B_Y die *Periodizitätsmatrix* zu Y.

Über den Zusammenhang der Periodizitätsmatrizen zu verschiedenen Fundamentallösungen erhält man sofort:

(3.11.5) *Sind Y und Z Fundamentallösungen von* (3.11.2), *gilt also gemäß Satz* (3.3.3) *mit einem* $C \in \mathfrak{I}(\mathfrak{A})$

$$Z(x) = Y(x)\, C \qquad (x \in \mathbb{R}),$$

so hat man

$$B_Z = C^{-1} B_Y C.$$

Im Anschluß an (3.11.4) erhält man nun folgende Strukturaussage:

(3.11.6) *Ist Y Fundamentallösung mit der Periodizitätsmatrix* B_Y *und diese mit einem* $L \in \mathfrak{A}$

$$B_Y = \exp(L)$$

darstellbar, so gibt es ein

$$H : \mathbb{R} \to \mathfrak{I}(\mathfrak{A}) \quad \textit{stetig differenzierbar}$$

mit

$$H(x+1) = H(x) \qquad (x \in \mathbb{R})$$

und

$$Y(x) = H(x) \exp(xL).$$

Zum *Beweis* betrachtet man mit (3.7.7)

$$H(x) = Y(x) \exp(-xL)$$

und bestätigt die stetige Differenzierbarkeit sowie

$$H(x+1) = Y(x+1) \exp(-L - xL) = Y(x)\, B_Y B_Y^{-1} \exp(-xL) = H(x). \quad \square$$

Wir bemerken dazu noch:

Hat man eine Darstellung von Y gemäß (3.11.6) und geht entsprechend (3.11.5) zu einer anderen Fundamentallösung Z über, so wird mit

$$\tilde{L} = C^{-1}LC, \tag{3.11.7}$$
$$\tilde{H}(x) = H(x)\,C$$

gemäß (3.7.3)

$$B_Z = \exp(\tilde{L}),$$

also nach (3.11.6) oder auch direkt

$$Z(x) = \tilde{H}(x)\exp(x\tilde{L}). \tag{3.11.8}$$

Wir kombinieren nun (3.11.6) mit Satz (3.7.14).

(3.11.9) **Satz:** *Y sei Fundamentallösung von* (3.11.2). *Ihre Periodizitätsmatrix* B_Y *besitze eine Darstellung*

$$B_Y = \sum_{\kappa=1}^{k} \lambda_\kappa P_\kappa + N$$

mit den Eigenschaften von Satz (3.7.14).

Setzt man dann mit dem nilpotenten und mit allen P_κ *vertauschbaren* $\tilde{N}$ *aus Satz* (3.7.14)

$$L := \sum_{\kappa=1}^{k} \log(\lambda_\kappa)\,P_\kappa + \tilde{N},$$

so gibt es hierzu ein

$$H : \mathbb{R} \to \mathfrak{J}(\mathfrak{A}) \quad \textit{stetig differenzierbar}$$

mit

$$H(x+1) = H(x) \qquad (x \in \mathbb{R}),$$

so daß

$$Y(x) = H(x)\exp(xL) \qquad (x \in \mathbb{R})$$

darstellbar ist. Dies wird mit

$$H_\kappa(x) := H(x)\,P_\kappa \qquad (x \in \mathbb{R})$$
$$\tilde{N}_\kappa := \tilde{N} P_\kappa \qquad (\kappa = 1, \ldots, k)$$

zu

$$Y(x) = \sum_{\kappa=1}^{k} \exp(x\log(\lambda_\kappa))\,H_\kappa(x) \sum_{n=0}^{r_\kappa - 1} \frac{1}{n!} x^n \tilde{N}_\kappa^n,$$

wobei die r_κ *minimal aus* $\mathbb{N}$ *mit*

$$\tilde{N}_\kappa^{r_\kappa} = 0$$

gewählt sind.

Im folgenden sei nun wieder $\mathfrak{R}$ (B)-Raum über $\mathbb{K}$ und $\mathfrak{A} = \mathfrak{L}(\mathfrak{R}, \mathfrak{R})$. Dann liest man aus (3.11.4) und Satz (3.3.5) für die Lösungen der Dgl in $\mathfrak{R}$

(3.11.10) $$y' = F(x)\,y$$

ab:

(3.11.11) *Ist Y Fundamentallösung von* (3.11.2) *und besitzt deren Periodizitätsmatrix B_Y den Hauptvektor $b \in \mathfrak{R}$ der Ordnung r zum Eigenwert $\lambda \in \mathbb{K}$,*

$$(B_Y - \lambda E)^r\, b = 0, \qquad (B_Y - \lambda E)^{r-1}\, b \neq 0,$$

so liefern

$$y_\rho(x) := Y(x)\,(B_Y - \lambda E)^{r-\rho}\, b \qquad (x \in \mathbb{R};\ \rho = 1, \ldots, r)$$

r linear unabhängige Lösungen von (3.11.10) *mit den Eigenschaften*

$$y_\rho(x+1) = \begin{cases} \lambda y_\rho(x) + y_{\rho-1}(x) & (\rho = 2, 3, \ldots, r), \\ \lambda y_\rho(x) & (\rho = 1). \end{cases}$$

Schärfer gilt:

(3.11.12) **Satz:** *Ist Y Fundamentallösung von* (3.11.2) *und besitzt deren Periodizitätsmatrix B_Y den Hauptvektor $b \in \mathfrak{R}$ der Ordnung $r \in \mathbb{N}$ zum Eigenwert $\lambda = \exp(\tau)$ mit $\tau \in \mathbb{K}$,*

$$(B_Y - \lambda E)^r b = 0, \qquad (B_Y - \lambda E)^{r-1} b \neq 0,$$

so gibt es für $\rho = 1, \ldots, r$

$$p_\rho : \mathbb{R} \to \mathfrak{R} \quad \textit{stetig differenzierbar}$$

mit

$$p_\rho(x+1) = p_\rho(x) \qquad (x \in \mathbb{R}),$$

so daß

$$y_\rho(x) = \exp(x\tau) \sum_{n=0}^{\rho-1} \frac{1}{n!} x^n p_{\rho-n}(x) \qquad (x \in \mathbb{R};\ \rho = 1, \ldots, r)$$

r linear unabhängige Lösungen von (3.11.10) *liefern.*

Zum *Beweis* betrachten wir den durch die r linear unabhängigen Vektoren $(B_Y - \lambda E)^{r-\rho}\, b$ $(\rho = 1, \ldots, r)$ aufgespannten Unterraum $\mathfrak{R}_\lambda$ von $\mathfrak{R}$. Auf

$$B_Y|_{\mathfrak{R}_\lambda} : \mathfrak{R}_\lambda \to \mathfrak{R}_\lambda$$

ist offenbar Satz (3.7.14) anwendbar. Danach existiert ein $\tilde{N} \in \mathfrak{L}(\mathfrak{R}_\lambda, \mathfrak{R}_\lambda)$ mit $\tilde{N}^r = 0$, so daß

$$B_Y|_{\mathfrak{R}_\lambda} = \exp(\tau)\exp(\tilde{N})$$

darstellbar ist. Hiermit definieren wir

$$p_\rho(x) := \exp(-x\tau)\, Y(x) \exp(-x\tilde{N})\, \tilde{N}^{r-\rho}\, b \qquad (x \in \mathbb{R};\ \rho = 1, \ldots, r).$$

Diese haben die oben geforderten Eigenschaften. Für $\rho = 1, \ldots, r$ gilt dann

$$Y(x)\,\tilde{N}^{r-\rho}\,b = \exp(x\tau)\left(\exp(-x\tau)\,Y(x)\exp(-x\tilde{N})\right)\left(\sum_{n=0}^{\rho-1}\frac{1}{n!}x^n\tilde{N}^{r-\rho+n}\,b\right) =$$

$$= \exp(x\tau)\sum_{n=0}^{\rho-1}\frac{1}{n!}x^n p_{\rho-n}(x) = y_\rho(x).$$

Da die $\tilde{N}^{r-\rho}\,b$ $(\rho = 1, \ldots, r)$ offenbar wieder eine Basis von $\mathfrak{R}_\lambda$ bilden, sind die Lösungen y_ρ linear unabhängig. □

Bemerkenswert ist, daß die Lösungen y_ρ aus numerischen Exponentialfunktionen, Potenzen und periodischen $\mathfrak{R}$-wertigen Funktionen p_ρ aufgebaut sind.

Natürlich hängen wieder die Sätze (3.11.9) und (3.11.12) insoweit miteinander zusammen, als im Falle $\mathfrak{A} = \mathfrak{L}(\mathfrak{R}, \mathfrak{R})$ von (3.11.9) jedes $b \in P_\kappa\mathfrak{R}\setminus\{0\}$ ein Hauptvektor einer Ordnung $\leqq r_\kappa$ zum Eigenwert λ_κ von B_Y und damit auch zum Eigenwert $\log(\lambda_\kappa)$ von L ist.

Sei nun $\mathfrak{R}$ endlich-dimensionaler (B)-Raum über $\mathbb{C}$ und $\mathfrak{A} = \mathfrak{L}(\mathfrak{R}, \mathfrak{R})$. Dann ist Satz (3.11.9) stets anwendbar und dieser sowie auch Satz (3.11.12) ergeben ein Fundamentalsystem von Lösungen von (3.11.10), aufgebaut aus Scharen der Form (3.11.12), die jeweils den Kästchen der Jordanschen Normalform von B_Y bzw. L entsprechen.

In diesem Fall setzt man zweckmäßig mit (mod 1 bestimmten) $\nu_\kappa \in \mathbb{C}$

$$\lambda_\kappa = \exp(2\pi i\nu_\kappa)$$

an. Diese ν_κ heißen dann *charakteristische Exponenten* von (3.11.2) oder 3.11.10). Wir bemerken dazu, daß man in den λ_κ und ν_κ wegen (3.11.7), (3.11.8) nicht nur Eigenschaften einer speziellen Fundamentallösung Y, sondern Invarianten der Dgl vor sich hat.

Nach Satz (3.11.12) gibt es speziell zu den der Vielfachheit nach gezählten Eigenwerten $\lambda = \exp(2\pi i\nu)$ von B_Y stets entsprechende linear unabhängige Lösungen y der Form

$$y(x) = \exp(2\pi i\nu x)\,p(x) \qquad (x \in \mathbb{R})$$

mit 1-periodischer $\mathfrak{R}$-wertiger Funktion p. Dies ist der Inhalt des klassischen Theorems von Floquet. Wir nennen solche Lösungen kurz auch *Floquetsche Lösungen*.

Die entsprechenden Aussagen für Dgln n-ter Ordnung

$$\eta^{(n)} + f_1(x)\,\eta^{(n-1)} + \ldots + f_n(x)\,\eta = 0$$

mit stetigen $\mathbb{K}$-wertigen Funktionen f_ν auf $\mathbb{R}$ mit der Periode 1,

$$f_\nu(x+1) = f_\nu(x) \qquad (x \in \mathbb{R};\ \nu = 1, \ldots, n),$$

lassen sich in gewohnter Weise über das zugehörige System aus den vorangehenden Resultaten entnehmen.

Abschließend sei vermerkt, daß man andere Perioden $\omega \in \mathbb{R} \setminus \{0\}$ durch die Variablentransformation

$$\xi = \frac{x}{\omega}$$

auf die Periode 1 zurückführt.

4 Lineare Differentialgleichungen im Komplexen

4.1 Existenz- und Eindeutigkeitssatz

Grundlegend ist hier

(4.1.1) **Satz:** *Sei* $\mathfrak{R}$ *(B)-Raum über* $\mathbb{C}$, $\mathfrak{A} = \mathfrak{L}(\mathfrak{R}, \mathfrak{R})$, Ω *Gebiet in* $\mathbb{C}$, $a \in \Omega$, $b \in \mathfrak{R}$,

$$g : \Omega \to \mathfrak{R} \quad \textit{holomorph}$$

und

$$F : \Omega \to \mathfrak{A} \quad \textit{holomorph};$$

$\mathfrak{K}_a$ *bezeichne die maximale offene Kreisscheibe um a in* Ω. *Dann gibt es genau ein Funktionselement*

$$y : \mathfrak{K}_a \to \mathfrak{R} \quad \textit{holomorph}$$

mit

$$y(a) = b,$$

$$y'(x) = F(x)\,y(x) + g(x) \qquad (x \in \mathfrak{K}_a).$$

Zum *Beweis* stellt man $\mathfrak{K}_a$ als Vereinigung von beschränkten offenen Kreisscheiben $\mathfrak{K}$ um a mit $\bar{\mathfrak{K}} \subset \Omega$ dar und wendet hierauf unmittelbar Satz (2.9.1) an. □

Wählt man $a \neq a_1 \in \mathfrak{K}_a$, $b_1 = y(a_1)$ und betrachtet nunmehr die entsprechende Kreisscheibe $\mathfrak{K}_{a_1}$, so kann der Satz wieder angewendet werden. Er liefert eindeutig

$$y_1 : \mathfrak{K}_{a_1} \to \mathfrak{R} \quad \text{holomorph}$$

mit

$$y_1(a_1) = b_1,$$

$$y_1'(x) = F(x)\,y_1(x) + g(x) \qquad (x \in \mathfrak{K}_{a_1}).$$

Da nun $\mathfrak{K}_a \cap \mathfrak{K}_{a_1}$ Sterngebiet bezüglich a_1 ist, das man, wie oben, wieder als Vereinigung beschränkter auffaßt, liefert die Eindeutigkeitsaussage von Satz (2.9.1)

$$y_1(x) = y(x) \qquad (x \in \mathfrak{K}_a \cap \mathfrak{K}_{a_1}).$$

y_1 ist also eine direkte analytische Fortsetzung von y.

Damit ergibt sich

(4.1.2) **Satz:** *Unter den Voraussetzungen und Bezeichnungen von Satz* (4.1.1) *läßt sich y längs jeder stetigen Kurve $\mathfrak{c}$ in Ω mit dem Anfangspunkt a analytisch fortsetzen. Die erhaltenen Funktionselemente sind wieder Lösungen der Dgl.*

Zusätzlich überlegt man:

(4.1.3) **Satz:** *Sind die stetigen Kurven $\mathfrak{c}_1$ und $\mathfrak{c}_2$ von a nach a' in Ω ineinander stetig deformierbar (homotop), so sind die durch analytische Fortsetzung von y längs dieser Kurven erhaltenen Funktionselemente um a' identisch.*

Den Beweis reduziert man in üblicher Weise auf den trivialen Fall, daß $\mathfrak{c}_1$ und $\mathfrak{c}_2$ in einer Kreisscheibe in Ω liegen.

Damit ergibt sich speziell

(4.1.4) **Satz:** *Es seien die Voraussetzungen von Satz* (4.1.1) *gegeben und zusätzlich*

$$\Omega \quad \textit{einfach-zusammenhängend.}$$

Dann existiert eindeutig ein

$$y : \Omega \to \mathfrak{R} \quad \textit{holomorph}$$

mit

$$y(a) = b,$$

$$y'(x) = F(x)\, y(x) + g(x) \qquad (x \in \Omega).$$

4.2 Übertragung der Resultate von 3

Zieht man statt Satz (3.1.1) jetzt Satz (4.1.4) heran, so kann man offenbar alle Überlegungen und Resultate der Abschnitte 3.2 bis 3.10 für lineare Dgln im Reellen auf lineare Dgln im Komplexen übertragen, indem man das Intervall $\mathfrak{i} \subset \mathbb{R}$ durch ein einfach-zusammenhängendes Gebiet $\Omega \subset \mathbb{C}$, $\mathbb{R}$ durch $\mathbb{C}$, $\mathbb{K}$ durch $\mathbb{C}$, „stetig“ oder „stetig differenzierbar“ durch „holomorph“ ersetzt. In 3.2 hat man dementsprechend $\mathscr{C}_0(\mathfrak{i}, \mathfrak{R})$ und $\mathscr{C}_1(\mathfrak{i}, \mathfrak{R})$ durch die Menge der in Ω holomorphen $\mathfrak{R}$-wertigen Funktionen zu ersetzen.

Für die Durchführung der Übertragung von 3.11 nimmt man

$$F : \Omega \to \mathfrak{A} \quad \textit{holomorph}$$

mit einem der reellen Achse parallelen Streifen Ω und

$$F(x + 1) = F(x) \qquad (x \in \Omega)$$

an.

4.3 Umlaufsverhalten von Fundamentallösungen homogener linearer Dgln

Sei $\mathfrak{A}$ (B)-Algebra über $\mathbb{C}$ mit Einselement E, Ω ein beliebiges Gebiet in $\mathbb{C}$ und

$$F : \Omega \to \mathfrak{A} \quad \textit{holomorph.}$$

Wir wollen hier die lokalen Lösungen von

$$Y' = F(x)\,Y \tag{4.3.1}$$

etwas genauer untersuchen. Insbesondere wollen wir für ein festes $a \in \Omega$ von einem Funktionselement

$$Y : \mathfrak{K}_a \to \mathfrak{A}$$

ausgehen, das dort eine Fundamentallösung von (4.3.1) darstellt, und seine Fortsetzungen längs innerhalb Ω verlaufender in a geschlossener stetiger Kurven $\mathfrak{c}$ betrachten.

Zunächst ist nach dem Analogon von Satz (3.3.2) und den Überlegungen zu Satz (4.1.2) klar, daß die hierbei erhaltenen Funktionselemente wieder Fundamentallösungen liefern.

Nach Satz (4.1.3) hängt das Ergebnis der Fortsetzung von Y längs $\mathfrak{c}$ nur von der Homotopieklasse Φ von $\mathfrak{c}$ ab. Man wird daher die Menge $\mathfrak{F}$ der Homotopieklassen in a geschlossener stetiger Kurven innerhalb Ω betrachten.

Für Φ, $\Psi \in \mathfrak{F}$ kann man eine Komposition $\Psi \cdot \Phi \in \mathfrak{F}$ dadurch erklären, daß man Repräsentanten $\mathfrak{c}_1 \in \Phi$, $\mathfrak{c}_2 \in \Psi$ auswählt, die geschlossene Kurve betrachtet, die entsteht, wenn man erst $\mathfrak{c}_1$ und dann $\mathfrak{c}_2$ durchläuft, und $\Psi \cdot \Phi$ als deren Homotopieklasse bildet. Das ist möglich, weil homotope Kurven homotope Zusammensetzungen liefern. Damit erweist sich $(\mathfrak{F}, \cdot)$ als eine — i. a. nicht kommutative — Gruppe: die *Fundamentalgruppe* von Ω (in a). Das Einselement $\mathscr{E}$ dieser Gruppe ist natürlich gerade die Homotopieklasse der Kurve mit dem Träger $\{a\}$. Man sieht leicht, daß verschiedene $a \in \Omega$ isomorphe Gruppen liefern; deshalb läßt man den Zusatz „in a" auch sinngemäß fort.

Für $\Phi \in \mathfrak{F}$ bezeichne nun

$$Y_\Phi : \mathfrak{K}_a \to \mathfrak{A}$$

das durch Fortsetzung von Y längs einer Kurve $\mathfrak{c} \in \Phi$ erhaltene Funktionselement. Nach dem Analogon von Satz (3.3.3) gilt mit einem eindeutig bestimmten $C_Y(\Phi) \in \mathfrak{J}(\mathfrak{A})$

$$Y_\Phi(x) = Y(x)\,C_Y(\Phi) \qquad (x \in \mathfrak{K}_a). \tag{4.3.2}$$

Für Φ, $\Psi \in \mathfrak{F}$ folgt dann natürlich

$$Y_{\Psi \cdot \Phi}(x) = (Y_\Phi)_\Psi(x) = Y(x)\,C_Y(\Psi)\,C_Y(\Phi) \qquad (x \in \mathfrak{K}_a), \tag{4.3.3}$$

also

$$C_Y(\Psi \cdot \Phi) = C_Y(\Psi)\,C_Y(\Phi). \tag{4.3.4}$$

Somit stellt

$$C_Y : \mathfrak{F} \to \mathfrak{J}(\mathfrak{A}) \tag{4.3.5}$$

einen Homomorphismus von $\mathfrak{F}$ in die multiplikative Gruppe $\mathfrak{J}(\mathfrak{A})$ mit $C_Y(\mathscr{E}) = E$ dar. Die Bilduntergruppe

$$\{C_Y(\Phi) : \Phi \in \mathfrak{F}\}$$

bezeichnen wir als *Umlaufsgruppe* von Y.

Geht man statt von Y von einem anderen Fundamentallösungsfunktionselement

$$Z : \mathfrak{K}_a \to \mathfrak{A}$$

aus, so hat man natürlich mit einem eindeutig bestimmten $D \in \mathfrak{I}(\mathfrak{A})$

$$Z(x) = Y(x)\,D \qquad (x \in \mathfrak{K}_a)$$

und also für $\Phi \in \mathfrak{F}$

$$Z_\Phi(x) = Y_\Phi(x)\,D = Z(x)\,D^{-1}\,C_Y(\Phi)\,D \qquad (x \in \mathfrak{K}_a);$$

es folgt

$$C_Z(\Phi) = D^{-1} C_Y(\Phi)\,D.$$

Die Umlaufsgruppen zu verschiedenen Fundamentallösungen um a sind also in dieser Weise zueinander konjugiert.

Ähnlich zeigt man, daß Fundamentallösungsfunktionselemente zu verschiedenen Stellen, die analytische Fortsetzungen voneinander sind, die gleiche Umlaufsgruppe besitzen.

4.4 Homogene lineare Dgln in Kreisringgebieten

Wir schließen an 4.3 an und betrachten hier speziell mit $0 \leqq \xi_1 < \xi_2 \leqq \infty$ das Kreisringgebiet um 0

(4.4.1) $$\Omega := \{x \in \mathbb{C} : \xi_1 < |x| < \xi_2\}.$$

Kreisringgebiete um ein anderes Zentrum x_0 lassen sich mit der Variablentransformation $x - x_0 \to x$ auf diesen Fall zurückführen.

Wir setzen dann

$$-\infty \leqq \Theta_\nu := -\frac{1}{2\pi}\log(\xi_\nu) \leqq +\infty \qquad (\nu = 1, 2)$$

und betrachten neben Ω den Streifen parallel der reellen Achse der komplexen t-Ebene

(4.4.2) $$\Omega' := \{t \in \mathbb{C} : \Theta_2 < \operatorname{Im} t < \Theta_1\}$$

und die holomorphe Abbildung

(4.4.3) $$\Omega' \ni t \mapsto \exp(2\pi i t) = x \in \Omega.$$

Diese ist surjektiv, und man hat für $t_1, t_2 \in \Omega'$

$$\exp(2\pi i t_1) = \exp(2\pi i t_2)$$

genau dann, wenn $t_1 = t_2 \pmod 1$ gilt.

Mit Hilfe der Abbildung (4.4.3) kann man leicht die Fundamentalgruppe von Ω bestimmen. Man geht davon aus, daß für ein $a \in \Omega$ eine in a geschlossene stetige Kurve innerhalb Ω genau dann bezüglich 0 die Umlaufszahl $k \in \mathbb{Z}$ besitzt, wenn sie bei fixiertem $t_a \in \Omega'$ mit $\exp(2\pi i t_a) = a$ als Bild unter (4.4.3) einer innerhalb Ω' von t_a nach $t_a + k$ verlaufenden stetigen Kurve dargestellt werden kann. Nun ist Ω' einfach-zusammenhängend; also sind zwei solche Kurven von t_a nach $t_a + k$ stets homotop. Die Homotopie überträgt sich auf die Bilder bei (4.4.3). Damit sind innerhalb Ω in a geschlossene stetige Kurven gleicher Umlaufszahl stets homotop (und natürlich auch umgekehrt). Das heißt aber: Die Abbildung

$$U : \mathfrak{F} \to \mathbb{Z},$$

die jeder Homotopieklasse (in a) ihre Umlaufszahl zuordnet und die offenbar ein Gruppenhomomorphismus ist, ist bijektiv. Damit hat man die Gruppenisomorphie

$$(\mathfrak{F}, \cdot) \cong (\mathbb{Z}, +).$$

$\mathfrak{F}$ ist also zyklische Gruppe unendlicher Ordnung, erzeugt von der Klasse Φ_1 der Kurven mit Umlaufszahl 1.

Wir betrachten nun gemäß 4.3 die homogene lineare Dgl

(4.4.4) $$Y' = F(x)\, Y.$$

Hier führt die Variablentransformation (4.4.3) zu einer wesentlichen Vereinfachung. Dazu setzen wir

(4.4.5) $$G(t) := 2\pi i \exp(2\pi i t)\, F\big(\exp(2\pi i t)\big) \qquad (t \in \Omega')$$

und erhalten

$$G : \Omega' \to \mathfrak{A} \quad \textit{holomorph}$$

mit

(4.4.6) $$G(t+1) = G(t) \qquad (t \in \Omega').$$

Wir gehen dann wieder von einem festen $a \in \Omega$ aus, fixieren ein $t_a \in \Omega'$ mit $\exp(2\pi i t_a) = a$ und bezeichnen mit

$$\varphi_{t_a} : \mathfrak{K}_a \to \mathbb{C}$$

den Zweig von $\dfrac{1}{2\pi i} \log(x)$ mit $\varphi_{t_a}(a) = t_a$. φ_{t_a} stellt offenbar die in $\mathfrak{K}_a$ holomorphe lokale Umkehrung von (4.4.3) dar.

Ist nun $Y : \mathfrak{K}_a \to \mathfrak{A}$ ein Lösungsfunktionselement von (4.4.4) um a, so erhält man mit

(4.4.7) $$Z(t) := Y\big(\exp(2\pi i t)\big) \qquad \big(t \in \varphi_{t_a}(\mathfrak{K}_a)\big)$$

eine Lösung von

(4.4.8) $$Z' = G(t)\, Z.$$

Ist umgekehrt

$$Z : \varphi_{t_a}(\mathfrak{K}_a) \to \mathfrak{A}$$

eine Lösung von (4.4.8), so liefert

(4.4.9) $$Y(x) := Z(\varphi_{t_a}(x)) \qquad (x \in \mathfrak{K}_a)$$

ein Lösungsfunktionselement von (4.4.4) um a.

Nun kann man — von einem festen Lösungsfunktionselement Y von (4.4.4) um a ausgehend — die durch (4.4.7) gegebene Lösung Z von (4.4.8) offenbar sofort auf ganz Ω' erklärt annehmen. Dann liefert (4.4.9) für verschiedene $\tilde{a} \in \Omega$ und zugehörige $t_{\tilde{a}} \in \Omega'$ gerade Lösungsfunktionselemente, die gemäß 4.3 analytische Fortsetzungen von Y sind. Speziell ergibt

(4.4.10) $$Y_{\Phi_1}(x) = Z(\varphi_{t_a}(x) + 1) \qquad (x \in \mathfrak{K}_a)$$

gerade die der Homotopieklasse Φ_1 der Kurven mit Umlaufszahl 1 entsprechende Fortsetzung von Y. Zuweilen wollen wir hierfür auch die übliche suggestive Notierung

(4.4.11) $$Y(x \exp(2\pi i)) := Y_{\Phi_1}(x)$$

wählen.

Wir können nun für (4.4.8) mit (4.4.6) die Resultate der Übertragung von 3.11 ins Komplexe verwenden und gemäß dem oben Gesagten zurücktransformieren.

Dabei sind (3.11.3), (3.11.4) und (3.11.5) schon allgemeiner in 4.3 notiert.

Aus (3.11.6) wird hier

(4.4.12) *Ist Y Fundamentallösungsfunktionselement von* (4.4.4) *um a mit*

$$Y(x \exp(2\pi i)) = Y(x)\, C_Y,$$

so erzeugt C_Y die Umlaufsgruppe von Y. Ist mit einem $L \in \mathfrak{A}$

$$C_Y = \exp(2\pi i L)$$

darstellbar, so gibt es ein

$$H : \Omega \to \mathfrak{J}(\mathfrak{A}) \quad \textit{holomorph},$$

so daß für ein zugehöriges $t_a \in \Omega'$

$$Y(x) = H(x) \exp(2\pi i \varphi_{t_a}(x)\, L) \qquad (x \in \mathfrak{K}_a)$$

gilt. Die analytische Fortsetzung von Y wird durch die analytische Fortsetzung von φ_{t_a} in Ω erhalten.

In diesem Sinne schreibt man kurz

(4.4.13) $$Y(x) = H(x) \exp(\log(x)\, L)$$

oder auch

(4.4.14) $$Y(x) = H(x)\, x^L.$$

Satz (3.11.9) wird hier zu

(4.4.15) **Satz:** *Y sei Fundamentallösungsfunktionselement von* (4.4.4) *um $a \in \Omega$ mit*

$$Y(x \exp(2\pi i)) = Y(x)\, C_Y.$$

Besitzt C_Y eine Darstellung

$$C_Y = \sum_{\kappa=1}^{k} \lambda_\kappa P_\kappa + N$$

mit den Eigenschaften von Satz (3.7.14), *so kann man $\nu_\kappa \in \mathbb{C}$ ($\kappa = 1, \ldots, k$) mit*

$$\exp(2\pi i \nu_\kappa) = \lambda_\kappa \qquad (\kappa = 1, \ldots, k)$$

und ein nilpotentes und mit allen P_κ vertauschbares $\bar{N} \in \mathfrak{A}$ bestimmen, so daß mit

$$L := \sum_{\kappa=1}^{k} \nu_\kappa P_\kappa + \bar{N}$$

und einem

$$H : \Omega \to \mathfrak{J}(\mathfrak{A}) \quad \textit{holomorph}$$

im oben präzisierten Sinne

$$Y(x) = H(x)\, x^L$$

gilt. Dies wird mit

$$H_\kappa(x) := H(x)\, P_\kappa \qquad (x \in \Omega) \qquad (\kappa = 1, \ldots, k)$$
$$\bar{N}_\kappa \quad := \bar{N} P_\kappa$$

zu

$$Y(x) = \sum_{\kappa=1}^{k} x^{\nu_\kappa} H_\kappa(x) \sum_{n=0}^{r_\kappa - 1} \frac{1}{n!} \log(x)^n\, \bar{N}_\kappa^n,$$

wobei die r_κ minimal aus $\mathbb{N}$ mit

$$\bar{N}_\kappa^{r_\kappa} = 0$$

gewählt sind.

Sei nun $\mathfrak{R}$ (B)-Raum über $\mathbb{C}$, $\mathfrak{A} = \mathfrak{L}(\mathfrak{R}, \mathfrak{R})$ und die homogene lineare Dgl in $\mathfrak{R}$

(4.4.16) $$y' = F(x)\, y$$

betrachtet.

Hier gilt entsprechend Satz (3.11.12)

(4.4.17) **Satz:** *Y sei Fundamentallösungselement von* (4.4.4) *um $a \in \Omega$ mit*

$$Y(x \exp(2\pi i)) = Y(x)\, C_Y.$$

Besitzt C_Y den Hauptvektor $c \in \mathfrak{R}$ der Ordnung $r \in \mathbb{N}$ zum Eigenwert $\lambda = \exp(2\pi i v)$ mit $v \in \mathbb{C}$,

$$(C_Y - \lambda E)^r c = 0, \qquad (C_Y - \lambda E)^{r-1} c \neq 0,$$

so gibt es für $\rho = 1, \ldots, r$

$$h_\rho : \Omega \to \mathfrak{R} \quad \textit{holomorph},$$

so daß

$$y_\rho(x) = x^v \sum_{n=0}^{\rho-1} \frac{1}{n!} \log(x)^n h_{\rho-n}(x) \qquad (\rho = 1, 2, \ldots, r)$$

r linear unabhängige Lösungen von (4.4.16) liefern.

Die letzte Aussage bedeutet hier wieder genauer: Man erhält Lösungsfunktionselemente um $a \in \Omega$, wenn man über $\mathfrak{K}_a$ einen Zweig von $\log(x)$ verwendet; die analytische Fortsetzung wird dann durch die analytische Fortsetzung von $\log(x)$ über Ω erhalten.

Speziell wird

$$y_1(x) = x^v h_1(x)$$

eine nicht-triviale Lösung mit

$$y_1(x \exp(2\pi i)) = \exp(2\pi i v)\, y_1(x).$$

Man sagt: *y_1 ist Floquetsche Lösung zum charakteristischen Exponenten v.*

Wir schließen mit der Bemerkung, daß in (4.4.8) G gemäß (4.4.5) genau dann konstant wird, wenn mit konstantem $R \in \mathfrak{A}$

$$F(x) = \frac{1}{x} R \qquad (x \in \Omega)$$

ist. In diesem Fall („Eulersche Dgl") lassen sich also die Ergebnisse von 3.8 entsprechend übertragen. Hier wird natürlich $\Omega = \mathbb{C} \setminus \{0\}$ und $\Omega' = \mathbb{C}$ zu wählen sein. Die Fundamentallösungselemente lassen sich dementsprechend aus

$$Y(x) = x^R := \exp(\log(x) R)$$

gewinnen.

4.5 Isolierte Singularitäten

Es sei Ω Gebiet $\subset \mathbb{C}$ und

$$F : \Omega \to \mathfrak{A} \quad \textit{holomorph}.$$

Ein $a \in \mathbb{C} \setminus \Omega$ heißt genau dann isolierte Singularität der Dgl

(4.5.1) $$Y' = F(x)\, Y$$

in der (B)-Algebra $\mathfrak{A}$ mit Einselement bzw. der Dgl

$$y' = F(x)\,y \tag{4.5.2}$$

im (B)-Raum $\mathfrak{R}$ mit $\mathfrak{A} = \mathfrak{L}(\mathfrak{R}, \mathfrak{R})$, wenn a isolierte Singularität von F (unter Ausschluß hebbarer Singularitäten) im üblichen funktionentheoretischen Sinne ist. Man wird dementsprechend *Pole* und *wesentliche Singularitäten* unterscheiden. Ein $a \in \mathbb{C} \setminus \Omega$, das hebbare Singularität von F ist, wird — gleich einem $a \in \Omega$ — als *reguläre Stelle* der Dgl (4.5.1) bzw. (4.5.2) bezeichnet.

Wir schicken eine — sich o. B. d. A. auf die Dgl (4.5.2) und die Stelle $a = 0$ beziehende — Wachstumsabschätzung für die Lösungen voraus.

(4.5.3) **Satz:** *Es sei*

$$\{x \in \mathbb{C} : 0 < |x| < \rho\} \subset \Omega$$

und y *eine im Sektor*

$$\{r \exp(i\varphi) : 0 < r < \rho, \alpha \leqq \varphi \leqq \beta\}$$

holomorphe Lösung von (4.5.2). *Es bezeichne für* $0 < r < \rho$

$$f(r) := \max\{|F(x)| : x \in \mathbb{C}, |x| = r\},$$

$$m(r) = \max\{|y(r \exp(i\varphi))| : \alpha \leqq \varphi \leqq \beta\},$$

Dann gilt für $0 < r \leqq r_0 < \rho$

$$m(r) \leqq m(r_0) \exp\left(\int_r^{r_0} f(\tau)\,d\tau\right).$$

Zum *Beweis* notiert man für $0 < r \leqq r_0 < \rho$ und $\alpha \leqq \varphi \leqq \beta$ mit $x = r \exp(i\varphi)$, $x_0 = r_0 \exp(i\varphi)$ die Formel

$$y(x) = y(x_0) + \int_{x_0}^{x} F(t)\,y(t)\,dt$$

in der Form

$$y(r \exp(i\varphi)) = y(r_0 \exp(i\varphi)) + \exp(i\varphi) \int_{r_0}^{r} F(\tau \exp(i\varphi))\,y(\tau \exp(i\varphi))\,d\tau.$$

Hier kann man nun abschätzen:

$$m(r) \leqq m(r_0) + \int_r^{r_0} f(\tau)\,m(\tau)\,d\tau.$$

Aus (1.3.9) liest man dann die Behauptung ab. □

Eine besondere Bedeutung hat der Fall, daß F in a einen Pol 1. Ordnung hat: man nennt a in diesem Falle eine *einfache Singularität* der betreffenden Dgl.

Hier ergibt sich unter den Annahmen von Satz (4.5.3) die Existenz eines $\gamma = \gamma(r_0) > 0$, so daß für $0 < r \leqq r_0 < \rho$ gilt:

(4.5.4) $$m(r)\, r^{\gamma} \leqq m(r_0)\, r_0^{\gamma}.$$

Mit dieser Abschätzung — oder auch aus den Untersuchungen in 4.7 — erhält man unter geeigneten zusätzlichen Annahmen, die für $\mathfrak{A} = \mathfrak{L}(\mathfrak{R}, \mathfrak{R})$ und endlich-dimensionales $\mathfrak{R}$ stets erfüllt sind, daß um eine einfache Singularität a eine Fundamentallösung der Form

$$Y(x) = H(x)(x - a)^L$$

existiert, wo H in a holomorph ist. Man spricht in diesem Falle von einer *singulären Stelle der Bestimmtheit.*

Beachtenswert ist noch der Fall, daß F in a einen Pol $(\mu + 1)$-ter Ordnung $(\mu \in \mathbb{N})$ hat. Hier ergibt sich unter den Annahmen von Satz (4.5.3) die Existenz eines $\gamma = \gamma(r_0) > 0$ derart, daß für $0 < r \leqq r_0 < \rho$ gilt:

(4.5.5) $$m(r) \exp(-\gamma r^{-\mu}) \leqq m(r_0) \exp(-\gamma r_0^{-\mu}).$$

Ist $\Omega \cup \{\infty\}$ Umgebung von ∞, gilt also mit einem $\rho > 0$

$$\left\{x \in \mathbb{C} : \frac{1}{\rho} < |x|\right\} \subset \Omega,$$

so wird man zur Untersuchung des Verhaltens der Lösungen der Dgl (4.5.1) bzw. (4.5.2) um die Stelle ∞ zweckmäßig

(4.5.6) $$z = \frac{1}{x}, \qquad \tilde{Y}(z) = Y(x) \quad \text{bzw.} \quad \tilde{y}(z) = y(x)$$

transformieren. Dabei entstehen entsprechende Dgln in $\mathfrak{A}$ bzw. $\mathfrak{R}$

(4.5.7) $$\tilde{Y}' = \tilde{F}(z)\, \tilde{Y} \quad \text{bzw.} \quad \tilde{y}' = \tilde{F}(z)\, \tilde{y}$$

mit

(4.5.8) $$\tilde{F}(z) = -\frac{1}{z^2} F\left(\frac{1}{z}\right) \quad \left(\frac{1}{z} \in \Omega \setminus \{0\}\right).$$

0 ist offenbar isolierte Singularität von $\tilde{F}$. Damit ist nun naheliegend, ∞ als eine reguläre Stelle von (4.5.1) bzw. (4.5.2) zu bezeichnen, wenn 0 hebbare Singularität von $\tilde{F}$ ist, anderenfalls als eine isolierte Singularität, und hier wieder einfache Singularitäten, Pole $(\mu + 1)$-ter Ordnung $(\mu \in \mathbb{N})$ und wesentliche Singularitäten zu unterscheiden.

Zu beachten ist ausdrücklich, daß sich die Unterscheidungen bezüglich der Natur der Stelle ∞ für die Dgl (4.5.1) bzw. (4.5.2) nicht auf die üblichen Unterscheidungen für F, sondern auf $\tilde{F}$ beziehen.

Insbesondere ist nach (4.5.8) ∞ einfache Singularität genau dann, wenn F in ∞ regulär ist und dort eine Nullstelle 1. Ordnung besitzt.

Man bezeichnet die Dgl (4.5.1) bzw. (4.5.2) genau dann als *Fuchssche Dgl*, wenn mit (verschiedenen) $x_1, \ldots, x_l \in \mathbb{C}$

$$\Omega = \mathbb{C} \setminus \{x_1, \ldots, x_l\}$$

gilt und die $l + 1$ Stellen $x_1, \ldots, x_l, \infty$ reguläre Stellen oder einfache Singularitäten von (4.5.1) bzw. (4.5.2) sind.

Man bestimmt mit Hilfe des Satzes von Liouville sofort die Struktur von F:

(4.5.9) **Satz:** *Eine Fuchssche Dgl liegt genau dann vor, wenn mit* $R_\nu \in \mathfrak{A}$ $(\nu = 1, \ldots, l)$

$$F(x) = \sum_{\nu=1}^{l} \frac{1}{x - x_\nu} R_\nu \qquad (x \in \Omega)$$

gilt. Dabei ist ∞ *reguläre Stelle genau dann, wenn* $\sum_{\nu=1}^{l} R_\nu = 0$ *ist.*

4.6 Einfache Singularitäten — Holomorphe Lösungen

Im folgenden untersuchen wir ausführlich den Fall einer einfachen Singularität. Dabei können wir o. B. d. A. die einfache Singularität 0 betrachten und — da es nur auf das lokale Verhalten der Lösungen um die Singularität ankommt — mit $0 < \rho < \infty$

(4.6.1) $$\Omega := \{x \in \mathbb{C} : 0 < |x| < \rho\}$$

annehmen,

$$\Omega_0 := \Omega \cup \{0\}$$

setzen und mit $R \in \mathfrak{A}$, $R \neq 0$ und

(4.6.2) $$G \in \mathscr{H}(\Omega_0, \mathfrak{A})$$

für F die Darstellung

(4.6.3) $$F(x) = \frac{1}{x} R + G(x) \qquad (x \in \Omega)$$

verlangen.

Wir nehmen nun zunächst $\mathfrak{R}$ als (B)-Raum über $\mathbb{C}$ und $\mathfrak{A} = \mathfrak{L}(\mathfrak{R}, \mathfrak{R})$ an und zeigen

(4.6.4) **Satz:** *Für jedes* $n \in \mathbb{N}$ *gelte*

$$nE - R \in \mathfrak{J}(\mathfrak{A}).$$

Dann gibt es zu jedem $c \in \mathfrak{R}$ *mit* $Rc = 0$ *genau ein*

$$y \in \mathscr{H}(\Omega_0, \mathfrak{R})$$

mit

$$y(0) = c$$

und

$$y'(x) = F(x)\,y(x) \qquad (x \in \Omega).$$

Den *Beweis* führen wir mit Hilfe zweier Hilfssätze.

(4.6.5) **Hilfssatz:** *Es sei* $n \in \mathbb{N}$ *mit*

$$\frac{1}{n}|R| + \frac{\rho}{n+1}|G| < 1.$$

Dann gibt es für jedes

$$g \in \mathscr{H}(\Omega_0, \mathfrak{R})$$

genau ein

$$h \in \mathscr{H}(\Omega_0, \mathfrak{R}),$$

so daß die durch

$$u(x) = x^n h(x) \qquad (x \in \Omega_0)$$

definierte Funktion $u \in \mathscr{H}(\Omega_0, \mathfrak{R})$

$$u'(x) = F(x)\,u(x) + x^{n-1} g(x) \qquad (x \in \Omega)$$

erfüllt.

Der *Beweis* reduziert sich, wie üblich, auf die Feststellung der eindeutigen Existenz eines $h \in \mathscr{H}(\Omega_0, \mathfrak{R})$ mit

$$h(x) = \frac{1}{x^n} \int_0^x \big(F(t)\,t^n h(t) + t^{n-1} g(t)\big)\,dt \qquad (x \in \bar{\Omega}_0).$$

Offenbar liefert für $h \in \mathscr{H}(\Omega_0, \mathfrak{R})$

$$(*) \qquad (Th)(x) := \frac{1}{x^n} \int_0^x \big(F(t)\,t^n h(t) + t^{n-1} g(t)\big)\,dt \qquad (x \in \bar{\Omega}_0)$$

wieder $Th \in \mathscr{H}(\Omega_0, \mathfrak{R})$. Da man für $h_1, h_2 \in \mathscr{H}(\Omega_0, \mathfrak{R})$

$$|(Th_1)(x) - (Th_2)(x)| \leqq \frac{1}{|x|^n} \int_0^{|x|} (\tau^{n-1}|R| + \tau^n|G|)\,d\tau\,|h_1 - h_2| \qquad (0 < |x| \leqq \rho),$$

also

$$|Th_1 - Th_2| \leqq \left(\frac{1}{n}|R| + \frac{\rho}{n+1}|G|\right)|h_1 - h_2|$$

abschätzen kann, ist nach der gemachten Voraussetzung die durch (*) gegebene inhomogen-lineare Abbildung von $\mathscr{H}(\Omega_0, \mathfrak{R})$ in $\mathscr{H}(\Omega_0, \mathfrak{R})$ echt kontrahierend. Der Fixpunktsatz — Satz (2.1.3) — liefert damit die Behauptung. □

(4.6.6) **Hilfssatz:** *Es sei*

$$c \in \mathfrak{R} \quad \textit{mit} \quad Rc = 0,$$

und es gelte für $n \in \mathbb{N}$

$$nE - R \in \mathfrak{I}(\mathfrak{A}).$$

Dann gibt es zu jedem $n \in \mathbb{N}$ *genau ein Polynom* p_{n-1} *mit Koeffizienten in* $\mathfrak{R}$ *von höchstens* $(n-1)$*-tem Grade mit*

$$p_{n-1}(0) = c$$

und ein

$$g_n \in \mathscr{H}(\Omega_0, \mathfrak{R}),$$

so daß

$$p'_{n-1}(x) = F(x)\,p_{n-1}(x) - x^{n-1}g_n(x) \qquad (x \in \Omega)$$

erfüllt ist.

Dies beweisen wir durch Induktion. Für $n = 1$ ist die Behauptung mit $p_0(x) = q_0 = c$ und $g_1(x) = G(x)\,c$ klar. Sei nun die Aussage für ein $n \geqq 1$ bewiesen. Dann betrachten wir mit $q_n \in \mathfrak{R}$

$$(x^n q_n)' = F(x)\,x^n q_n + x^{n-1}(nE - R)\,q_n - x^n G(x)\,q_n.$$

Hier ist nach Voraussetzung

$$(nE - R)\,q_n = g_n(0)$$

eindeutig lösbar. Mit diesem q_n hat man dann eindeutig

$$p_n(x) = p_{n-1}(x) + x^n q_n$$

und

$$g_{n+1}(x) = \frac{1}{x}\big(g_n(x) - g_n(0)\big) + G(x)\,q_n.$$

Damit ist die Aussage für $n + 1$ gegeben und der Hilfssatz bewiesen. □

Wir kommen nun zum

Beweis von Satz (4.6.4)*:* Zunächst wählt man ein $n \in \mathbb{N}$ gemäß Hilfssatz (4.6.5).

Für den Existenznachweis bestimmt man hierzu p_{n-1} und g_n gemäß Hilfssatz (4.6.6). Man setzt dann in Hilfssatz (4.6.5) $g = g_n$ und bestimmt das zugehörige u. Mit

$$y = p_{n-1} + u$$

gilt dann die Behauptung.

Ist umgekehrt y Lösung entsprechend der Behauptung, so zerlegt man eindeutig

$$y = p_{n-1} + x^n h$$

mit einem Polynom p_{n-1} vom Grade $\leqq n-1$ und $h \in \mathscr{H}(\Omega_0, \mathfrak{R})$. Dann wird mit $u = x^n h$ und einem $g_n \in \mathscr{H}(\Omega_0, \mathfrak{R})$

$$u'(x) = F(x)\, u(x) + x^{n-1} g_n(x)$$

und damit

$$p'_{n-1}(x) = F(x)\, p_{n-1}(x) - x^{n-1} g_n(x),$$

$$p_{n-1}(0) = c.$$

Die Eindeutigkeitsaussagen von Hilfssatz (4.6.6) und Hilfssatz (4.6.5) geben nun die Eindeutigkeit von p_{n-1}, g_n und u, also auch die von y.

4.7 Einfache Singularitäten — Struktur der Fundamentallösungen

Sei jetzt $\mathfrak{A}$ beliebige (B)-Algebra über $\mathbb{C}$ mit Einselement E, Ω_0 beschränkte offene Kreisscheibe um 0, $\Omega = \Omega_0 \setminus \{0\}$,

$$F : \Omega \to \mathfrak{A} \quad \textit{holomorph}$$

und 0 einfache Singularität der Dgl in $\mathfrak{A}$

$$Y' = F(x)\, Y, \tag{4.7.1}$$

also mit

$$0 \neq R \in \mathfrak{A}$$

und (o. B. d. A.)

$$G \in \mathscr{H}(\Omega_0, \mathfrak{A})$$

gerade

$$F(x) = \frac{1}{x} R + G(x) \qquad (x \in \Omega). \tag{4.7.2}$$

Wir betrachten dann zu $\mathfrak{A}$, das wir dabei als (B)-Raum auffassen, die (B)-Algebra über $\mathbb{C}$ $\hat{\mathfrak{A}} := \mathfrak{L}(\mathfrak{A}, \mathfrak{A})$ der beschränkten $\mathbb{C}$-linearen Abbildungen von $\mathfrak{A}$ in sich; deren Elemente kennzeichnen wir durch ^.

Von wesentlicher Bedeutung ist nun im folgenden der Kommutator-Operator $\hat{R}$ zu R, definiert durch

$$\hat{R}A := RA - AR \qquad (A \in \mathfrak{A}). \tag{4.7.3}$$

Man hat offenbar $\hat{R} \in \hat{\mathfrak{A}}$ und

$$|\hat{R}| \leqq 2|R|. \tag{4.7.4}$$

Wir beweisen zunächst den wichtigen

(4.7.5) **Satz:** *Für jedes $n \in \mathbb{N}$ gelte (mit dem Einselement $\hat{E}$ von $\hat{\mathfrak{A}}$)*

$$n\hat{E} - \hat{R} \in \mathfrak{J}(\hat{\mathfrak{A}}).$$

Dann gibt es genau ein

$$H \in \mathscr{H}(\Omega_0, \mathfrak{A})$$

mit

$$H(0) = E,$$

so daß

$$Y(x) = H(x)\, x^R$$

im Sinne von 4.4 *Fundamentallösung von* (4.7.1) *wird.*

Beweis: Offenbar liefern die Funktionselemente von $H(x)\,x^R$ genau dann Lösungselemente von (4.7.1), wenn

$$H'(x) = \frac{1}{x}\big(RH(x) - H(x)R\big) + G(x)H(x) \qquad (x \in \Omega) \tag{4.7.6}$$

gilt. Es ist also zu zeigen, daß eindeutig ein

$$H \in \mathscr{H}(\Omega_0, \mathfrak{A})$$

mit $H(0) = E$ und (4.7.6) existiert. Mit (4.7.3) und der Bezeichnung

$$\hat{G} \in \mathscr{H}(\Omega_0, \hat{\mathfrak{A}})$$

für

$$\hat{G}(x)A := G(x)A \qquad (x \in \bar{\Omega}_0)$$

schreibt man nun (4.7.6) in der Form

$$H'(x) = \left(\frac{1}{x}\hat{R} + \hat{G}(x)\right)H(x) \qquad (x \in \Omega). \tag{4.7.7}$$

Mit den Identifizierungen

$$\mathfrak{A} \to \mathfrak{R}, \qquad \hat{\mathfrak{A}} \to \mathfrak{A}, \qquad E \to c, \quad \text{usw.}$$

ist dann direkt Satz (4.6.4) anwendbar. Er liefert damit die Behauptung unseres Satzes. □

Es kommt nun nur darauf an, aus Kenntnissen über $R \in \mathfrak{A}$ die geforderte Eigenschaft

$$n\hat{E} - \hat{R} \in \mathfrak{J}(\hat{\mathfrak{A}}) \qquad (n \in \mathbb{N})$$

zu gewinnen.

Hier zeigen wir

(4.7.8) **Satz:** *Es sei*

$$R = \sum_{\kappa=1}^{k} \nu_\kappa P_\kappa + N$$

mit den Eigenschaften (α), (β), (γ) *von Satz* (3.7.14) *gegeben. Für die* $\nu_\kappa \in \mathbb{C}$ *gelte überdies*

$$\nu_\kappa - \nu_\lambda \notin \mathbb{Z}\setminus\{0\} \qquad (\kappa, \lambda = 1, \dots, k).$$

Dann gilt

$$n\hat{E} - \hat{R} \in \mathfrak{I}(\hat{\mathfrak{A}}) \qquad (n \in \mathbb{N}).$$

Zum *Beweis* bestätigt man die Darstellung

$$\hat{R} = \sum_{\kappa=1}^{k} \sum_{\lambda=1}^{k} (\nu_\kappa - \nu_\lambda) \hat{P}_{\kappa\lambda} + \hat{N}$$

mit den Operatoren

$$\begin{aligned} \hat{P}_{\kappa\lambda} A &:= P_\kappa A P_\lambda \qquad (\kappa, \lambda = 1, \ldots, k), \\ \hat{N} A &:= NA - AN \end{aligned} \qquad (A \in \mathfrak{A}).$$

Man erkennt, daß die $\hat{P}_{\kappa\lambda}$ idempotent sind, daß die Produkte verschiedener $\hat{0}$ ergeben, daß

$$\sum_{\kappa=1}^{k} \sum_{\lambda=1}^{k} \hat{P}_{\kappa\lambda} = \hat{E}$$

wird, daß wegen

$$\hat{N}^{2m} A = N^{2m} A - A N^{2m} \qquad (m \in \mathbb{N}_0\,; A \in \mathfrak{A})$$

$\hat{N}$ nilpotent und offenbar mit den $\hat{P}_{\kappa\lambda}$ vertauschbar ist. Damit wird

$$(n\hat{E} - \hat{R}) = \sum_{\kappa=1}^{k} \sum_{\lambda=1}^{k} (n - \nu_\kappa + \nu_\lambda) \hat{P}_{\kappa\lambda} - \hat{N},$$

wo nun nach Voraussetzung

$$n - \nu_\kappa + \nu_\lambda \neq 0 \qquad (n \in \mathbb{N}; \kappa, \lambda = 1, 2, \ldots, k)$$

gilt. Damit kann man entweder Satz (3.7.14) und (3.7.7) anwenden oder direkt mit einer abbrechenden geometrischen Reihe die Invertierbarkeit von $n\hat{E} - \hat{R}$ $(n \in \mathbb{N})$ ablesen. □

Wir weisen hier auf ein allgemeineres Resultat hin:
Bekanntlich wird für $A \in \mathfrak{A}$ das Spektrum

$$\sigma(A) := \{t \in \mathbb{C} : (tE - A) \notin \mathfrak{I}(\mathfrak{A})\}$$

definiert. Hiermit gilt für beliebiges $R \in \mathfrak{A}$ und den zugehörigen Kommutator-Operator $\hat{R}$ gemäß (4.7.3)

$$\sigma(\hat{R}) \subset \left\{ t_1 - t_2 : t_\nu \in \sigma(R) \qquad (\nu = 1, 2) \right\}$$

(Man vergleiche [8].) Unsere Annahmen von Satz (4.7.8) ziehen offenbar gerade

$$\sigma(R) = \{\nu_\kappa : \kappa \in \{1, \ldots, k\}\}$$

nach sich.

Für einen endlich-dimensionalen (B)-Raum $\mathfrak{R}$ und $\mathfrak{A} = \mathfrak{L}(\mathfrak{R}, \mathfrak{R})$ bedeuten die Forderungen an R in Satz (4.7.8) nur: Die verschiedenen Eigenwerte von R sollen sich nicht um ganze Zahlen unterscheiden. Für diesen Fall liefert dann Satz (4.7.5) ein Fundamentalsystem der beschriebenen Struktur.

Falls die Voraussetzungen von Satz (4.7.8) nicht erfüllt sind, wird man gegebenenfalls versuchen, sie durch eine Transformation zu erreichen. Hierzu dienen die folgenden Hilfssätze.

(4.7.9) **Hilfssatz:** *Es seien* $P \in \mathfrak{A}$ *und* $D \in \mathfrak{A}$ *mit*

$$P = P^2, \qquad PR = RP, \qquad D \in P\mathfrak{A}(E - P)$$

gegeben. Transformiert man dann die Lösungen Y *der Dgl* (4.7.1), (4.7.2) *mittels*

$$Y(x) = [(E - P) + x(P + D)]\, Z(x),$$

so erhält man für Z *die Dgl*

$$Z' = \tilde{F}(x)\, Z$$

mit

$$\tilde{F}(x) = \frac{1}{x}\tilde{R} + \tilde{G}(x) \qquad (x \in \Omega),$$

wobei

$$\tilde{G} \in \mathscr{H}(\Omega_0, \mathfrak{A})$$

und

$$\tilde{R} = (R - P) + (R - P)D - D(R - P) + PG(0)(E - P)$$

ist.

Man hat nämlich mit $Q := E - P$

$$[(E - P) + x(P + D)] = (Q + xP)(E + D),$$

so daß für $x \in \mathbb{C} \setminus \{0\}$

$$[(E - P) + x(P + D)]^{-1} = (E - D)\left(Q + \frac{1}{x}P\right)$$

gilt. Damit ergibt sich gemäß 3.4 für $x \in \Omega$

$$\tilde{F}(x) = \left(\frac{1}{x}P + Q - D\right)\left[\left(\frac{1}{x}R + G(x)\right)(Q + xP + xD) - (P + D)\right],$$

woraus man die Behauptung durch einfache Rechnung verifiziert. □

(4.7.10) **Hilfssatz:** R *besitze eine Darstellung*

$$R = \sum_{\kappa=1}^{k} \nu_\kappa P_\kappa + N$$

0

mit den Eigenschaften (α), (β), (γ) *von Satz* (3.7.14) *und* (o. B. d. A.)

(*) $\quad \nu_\kappa \neq \nu_\lambda \quad (\kappa, \lambda \in \{1, 2, \ldots, k\}; \kappa \neq \lambda).$

Es sei

$$\sigma \in \{1, 2, \ldots, k\}.$$

Fall 1: $\nu_\sigma - 1 \neq \nu_\kappa$ *für alle* $\kappa \in \{1, \ldots, k\}$
Dann gibt es genau ein

$$D \in P_\sigma \mathfrak{A}(E - P_\sigma),$$

derart daß in Hilfssatz (4.7.9) *mit* $P = P_\sigma$ *gilt:*

$$\tilde{R} = R - P_\sigma = \sum_{\substack{\kappa=1\\ \kappa \neq \sigma}}^{k} \nu_\kappa P_\kappa + (\nu_\sigma - 1) P_\sigma + N.$$

Fall 2: $\nu_\sigma - 1 = \nu_\rho$ *mit einem* $\rho \in \{1, \ldots, k\}$
Dann gibt es genau ein

$$D \in P_\sigma \mathfrak{A}(E - P_\sigma - P_\rho) \subset P_\sigma \mathfrak{A}(E - P_\sigma),$$

derart daß in Hilfssatz (4.7.9) *mit* $P = P_\sigma$ *gilt:*

$$\tilde{R} = R - P_\sigma + P_\sigma G(0) P_\rho = \sum_{\substack{\kappa=1\\ \kappa \neq \sigma, \kappa \neq \rho}}^{k} \nu_\kappa P_\kappa + \nu_\rho (P_\sigma + P_\rho) + \tilde{N}.$$

Hierbei ist

$$\tilde{N} = N + P_\sigma G(0) P_\rho$$

nilpotent und mit den $(k-1)$ *Projektoren* P_κ $(\kappa \neq \sigma, \kappa \neq \rho)$ *und* $P_\sigma + P_\rho$ *vertauschbar.*

Beweis: Es bezeichne wieder $Q_\sigma = E - P_\sigma$.
Fall 1: Es ist $D \in P_\sigma \mathfrak{A} Q_\sigma$ so zu bestimmen, daß

$$(R - P_\sigma) D - D(R - P_\sigma) = -P_\sigma G(0) Q_\sigma.$$

Hierzu beachtet man den zu $R - P_\sigma$ gehörenden Kommutator-Operator eingeschränkt auf die Unteralgebra

$$P_\sigma \mathfrak{A} Q_\sigma,$$

die er in sich abbildet. Diese Einschränkung ist nun nach dem Beweis von Satz (4.7.8) gleich der Einschränkung von

$$\sum_{\kappa \neq \sigma} (\nu_\sigma - 1 - \nu_\kappa) \hat{P}_{\sigma\kappa} + \hat{N}$$

auf $P_\sigma \mathfrak{A} Q_\sigma$, wobei die entsprechende Einschränkung von

$$\sum_{\kappa \neq \sigma} \hat{P}_{\sigma\kappa}$$

das zugehörige Einselement liefert. Damit aber ist, wie oben, die Invertierbarkeit gegeben.

Fall 2: Hier ist $D \in P_\sigma \mathfrak{A}(E - P_\sigma - P_\rho)$ so zu bestimmen, daß

$$(R - P_\sigma) D - D(R - P_\sigma) = -P_\sigma G(0)(E - P_\sigma - P_\rho).$$

Man verfährt wie oben, indem man die für den Kommutator-Operator invariante Unteralgebra

$$P_\sigma \mathfrak{A}(E - P_\sigma - P_\rho)$$

und

$$\nu_\sigma - 1 - \nu_\kappa \neq 0 \qquad (\kappa \neq \rho)$$

verwendet. Die Aussage über $\tilde{N}$ ist mit

$$\tilde{N}^m - N^m \in P_\sigma \mathfrak{A} P_\rho \qquad (m \in \mathbb{N})$$

sofort zu bestätigen. □

Die Transformation von Hilfssatz (4.7.10) wird man nun auf einen Eigenwert ν_σ von R anwenden, zu dem es einen Eigenwert ν_λ mit $\nu_\sigma - \nu_\lambda \in \mathbb{N}$ gibt, und den angegebenen Reduktionsschritt so lange iterieren, bis man zu einem $\tilde{R}$ gelangt, dessen Eigenwerte keine ganzzahlige Differenz haben.

Man erhält so

(4.7.11) **Satz:** *Es sei*

$$R = \sum_{\kappa=1}^{k} \nu_\kappa P_\kappa + N$$

mit den Eigenschaften (α), (β), (γ) *von Satz* (3.7.14) *gegeben. Für die* $\nu_\kappa \in \mathbb{C}$ *gelte* (*o. B. d. A.*)

$$\nu_\kappa \neq \nu_\lambda \qquad (\kappa, \lambda \in \{1, \ldots, k\}; \kappa \neq \lambda).$$

Dann gibt es ein Polynom S mit Koeffizienten in $\mathfrak{A}$ *mit den Eigenschaften*

$$S(x) \in \mathfrak{J}(\mathfrak{A}) \qquad (x \in \mathbb{C} \setminus \{0\}),$$

$$S(0) = \tilde{Q} := \sum \{P_\kappa : \kappa \in \{1, \ldots, k\} \wedge \nu_\kappa - \nu_\lambda \notin \mathbb{N} \quad (\lambda = 1, \ldots, k)\},$$

$$\tilde{Q} S(x) = \tilde{Q} \qquad (x \in \mathbb{C}),$$

derart daß die Transformation

$$Y(x) = S(x) Z(x)$$

die Dgl (4.7.1), (4.7.2) *in die Dgl*

$$Z' = \tilde{F}(x) Z$$

mit

$$\tilde{F}(x) = \frac{1}{x} \tilde{R} + \tilde{G}(x) \qquad (x \in \Omega)$$

überführt, wobei

$$\tilde{G} \in \mathscr{H}(\Omega_0, \mathfrak{A})$$

gilt, und

$$\tilde{R} = \sum_{\kappa=1}^{\tilde{k}} \tilde{v}_\kappa \tilde{P}_\kappa + \tilde{N} \in \mathfrak{A}$$

mit

$$\{\tilde{v}_\kappa : \kappa \in \{1, \ldots, \tilde{k}\}\} = \{v_\kappa : \kappa \in \{1, \ldots, k\} \wedge v_\kappa - v_\tau \notin \mathbb{N} \quad (\tau = 1, \ldots, k)\}$$

$$\tilde{P}_\kappa = \sum \{P_\tau : \tau \in \{1, \ldots, k\} \wedge v_\tau - \tilde{v}_\kappa \in \mathbb{N}_0\}$$

nunmehr eine Darstellung gemäß Satz (3.7.14) (α), (β), (γ) *mit Eigenwerten ohne ganzzahlige Differenz ist.*

Damit existiert eine Fundamentallösung

$$Y(x) = S(x)\, \tilde{H}(x)\, x^{\tilde{R}}$$

der Dgl (4.7.1), (4.7.2) *mit*

$$\tilde{H} \in \mathscr{H}(\Omega_0, \mathfrak{A}), \qquad \tilde{H}(0) = E.$$

Zum *Beweis* ist nur zu bemerken, daß man bei jedem einzelnen Reduktionsschritt

$$(E - P)[(E - P) + x(P + D)] = E - P$$

bestätigt und das Produkt aller auftretenden $E - P$ gerade das angegebene $\tilde{Q}$ ergibt. □

Im folgenden geben wir einige ergänzende Strukturaussagen zu den Resultaten von Satz (4.7.11). Zunächst ist relativ naheliegend

(4.7.12) **Satz:** *Es seien die Annahmen und Bezeichnungen von Satz* (4.7.11) *gegegeben. Für ein $P \in \mathfrak{A}$ mit $P^2 = P$ und ein $\tau \in \{1, \ldots, \tilde{k}\}$ gelte*

$$P\tilde{P}_\tau = \tilde{P}_\tau P = P, \qquad \tilde{N}P = P\tilde{N}P,$$

also

$$\tilde{R}P = \tilde{v}_\tau P + N' \quad \text{mit} \quad N' = P\tilde{N}P.$$

Sind dann $m \in \mathbb{N}_0$ und

$$\tilde{H}_0 \in \mathscr{H}(\Omega_0, \mathfrak{A}) \quad \text{mit} \quad \tilde{H}_0(0) \neq 0$$

so bestimmt, daß

$$S(x)\, \tilde{H}(x)\, P = x^m \tilde{H}_0(x) \qquad (x \in \Omega_0)$$

gilt, so gibt es genau ein $\sigma \in \{1, 2, \ldots, k\}$ mit

$$\tilde{v}_\tau + m = v_\sigma.$$

Hierfür gilt mit $Q_\sigma := E - P_\sigma$

$$Q_\sigma \tilde{H}_0(0) = 0.$$

Beweis: Durch Einsetzen von

$$Y(x)\, P = S(x)\, \tilde{H}(x)\, x^{\tilde{R}} P = x^{\tilde{v}_\tau} S(x)\, \tilde{H}(x)\, P x^{N'} = x^{\tilde{v}_\tau + m} \tilde{H}_0(x)\, x^{N'}$$

in die Dgl liest man

$$(R - (\tilde{\nu}_\tau + m)E)\,\tilde{H}_0(0) = \tilde{H}_0(0)\,N'$$

ab. Damit gilt auch

$$(\times) \qquad (R - (\tilde{\nu}_\tau + m)E)\,\tilde{H}_0(0)\,N'^{\alpha} = \tilde{H}_0(0)\,N'^{(\alpha+1)} \qquad (\alpha \in \mathbb{N}_0).$$

Wählt man nun $\beta \in \mathbb{N}_0$ mit

$$\tilde{H}_0(0)\,N'^{(\beta+1)} = 0, \qquad \tilde{H}_0(0)\,N'^{\beta} \neq 0$$

— das ist wegen $N'^{\alpha} = P\tilde{N}^{\alpha}P$ ($\alpha \in \mathbb{N}$) und $\tilde{H}_0(0) \neq 0$ möglich —, so entsteht aus ($\times$) mit $\alpha = \beta$

$$(R - (\tilde{\nu}_\tau + m)E)\,\tilde{H}_0(0)\,N'^{\beta} = 0.$$

Anhand der Darstellung von R bestätigt man nun die Existenz eines $\sigma \in \{1, 2, \ldots, k\}$ mit $\tilde{\nu}_\tau + m = \nu_\sigma$ und zunächst

$$Q_\sigma \tilde{H}_0(0)\,N'^{\beta} = 0.$$

Wegen $Q_\sigma R = R Q_\sigma$ erhält man daraus mit ($\times$) für $\alpha = \beta - 1, \ldots, 0$ sukzessive

$$(R - \nu_\sigma E)\,Q_\sigma \tilde{H}_0(0)\,N'^{\alpha} = 0,$$

also, wie eben,

$$Q_\sigma \tilde{H}_0(0)\,N'^{\alpha} = 0. \quad \square$$

Etwas tiefer liegt die folgende präzisere Strukturaussage bezüglich der Projektoren P_σ zu Eigenwerten ν_σ, für die $\nu_\sigma + n$ ($n \in \mathbb{N}$) nicht Eigenwerte von R sind. Wir zeigen

(4.7.13) **Satz:** *Es seien die Annahmen und Bezeichnungen von Satz* (4.7.11) *gegeben. Zu*

$$\tau \in \{1, \ldots, \tilde{k}\}$$

sind dann (eindeutig)

$$\sigma \in \{1, \ldots, k\}, \qquad m \in \mathbb{N}_0$$

mit

$$m = \nu_\sigma - \tilde{\nu}_\tau = \max\{\nu_\kappa - \tilde{\nu}_\tau : \kappa \in \{1, 2, \ldots, k\} \wedge \nu_\kappa - \tilde{\nu}_\tau \in \mathbb{N}_0\}$$

bestimmt. Dann gilt:

(a) $\tilde{P}_\tau P_\sigma = P_\sigma \tilde{P}_\tau = P_\sigma$, $\tilde{N} P_\sigma = N P_\sigma = P_\sigma N$.

(b) *Es existiert ein*

$$\tilde{H}_\sigma \in \mathscr{H}(\Omega_0, \mathfrak{A}) \quad \textit{mit} \quad \tilde{H}_\sigma(0) = P_\sigma,$$

so daß

$$S(x)\,\tilde{H}(x)\,P_\sigma = x^m \tilde{H}_\sigma(x) \qquad (x \in \Omega_0)$$

gilt.

(c) *Mit* $\tilde{H}_\sigma$ *aus* (b) *wird*

$$Y(x)\,P_\sigma = \tilde{H}_\sigma(x)\,x^{\nu_\sigma}x^{NP_\sigma}.$$

Beweis:
Zu (a): Die erste Aussage ist nach Definition von $\tilde{P}_\tau$, P_σ klar.

Für die zweite bemerkt man, daß bei allen auftretenden Reduktionsschritten nur im Falle 2 von Hilfssatz (4.7.10) das N verändert wird. Dort treten jedoch nur solche P_ρ auf, für die

$$P_\rho P_\sigma = P_\sigma P_\rho = 0$$

wird.

Zu (b): Dies beweisen wir durch Induktion nach $m \in \mathbb{N}_0$.

Für $m = 0$ ist die Aussage richtig, weil $\tilde{H}(0) = E$ und $S(0) = \tilde{Q}$ gilt und in diesem Falle $\tilde{Q}P_\sigma = P_\sigma$ wird.

Sei nun $m \in \mathbb{N}$ und die Aussage für $m - 1$ bewiesen. Dann zerlegen wir

$$S(x) = S_1(x)\left[(E - P_\sigma) + x(P_\sigma + D_\sigma)\right] S_2(x).$$

Für

$$S_2(x)\,\tilde{H}(x)\,x^{\tilde{R}}$$

liegt dann bezüglich $\nu_\sigma - 1$ der Fall $m - 1$ vor. Mit dem zugehörigen Projektor P'_σ, für den man natürlich

$$P'_\sigma P_\sigma = P_\sigma P'_\sigma = P_\sigma$$

hat, gilt also nach Induktionsannahme

$$S_2(x)\,\tilde{H}(x)\,P'_\sigma = x^{m-1}\bar{H}_\sigma(x),$$
$$\bar{H}_\sigma \in \mathscr{H}(\Omega_0, \mathfrak{A}), \qquad \bar{H}_\sigma(0) = P'_\sigma.$$

Damit wird

$$S_2(x)\,\tilde{H}(x)\,P_\sigma = x^{m-1}\bar{H}_\sigma(x)\,P_\sigma, \qquad \bar{H}_\sigma(0)\,P_\sigma = P_\sigma.$$

Wir betrachten nun das durch

$$Y(x) = S_1(x)\,Y_1(x)$$

gegebene Y_1. Wegen (a) können wir hierauf Satz (4.7.12) mit $P = P_\sigma$ anwenden: Mit $Q_\sigma = E - P_\sigma$ ergibt sich unter Beachtung von $Q_\sigma P_\sigma = 0$ und $Q_\sigma^2 = Q_\sigma$

$$\begin{aligned}\left[Q_\sigma + x(P_\sigma + D_\sigma)\right] S_2(x)\,\tilde{H}(x)\,P_\sigma &= x^{m-1}\left[Q_\sigma + x(P_\sigma + D_\sigma)\right]\bar{H}_\sigma(x)\,P_\sigma\\ &= x^m(P_\sigma + Q_\sigma\bar{H}'_\sigma(0)\,P_\sigma) + x^{m+1}(\ldots) + \ldots\\ &= x^m P_\sigma + x^{m+1}(\ldots) + \ldots .\end{aligned}$$

Wir haben nun noch $S_1(0)\,P_\sigma$ zu betrachten. In $S_1(x)$ treten, da ν_σ vorher nicht erniedrigt wurde, nur Faktoren

$$\left[(E - P) + x(P + D)\right]$$

auf, für die $PP_\sigma = P_\sigma P = 0$, also $(E - P)P_\sigma = P_\sigma$ ist. Damit aber gilt

$$S_1(0)P_\sigma = P_\sigma,$$

womit unsere Behauptung bewiesen ist.

Zu (c): Dies ergibt die Rechnung des Beweises von Satz (4.7.12). □

Wir bemerken, daß man die eindeutige Existenz einer Lösung gemäß (c), (b) auch im Anschluß an Satz (4.6.4) gewinnen kann. Es kam uns jedoch hier darauf an, diese Lösung aus den Strukturüberlegungen direkt zu gewinnen.

Alle vorangehenden Resultate sind wieder ohne Einschränkung anwendbar für den Fall, daß $\mathfrak{R}$ endlich-dimensionaler (B)-Raum über $\mathbb{C}$ und $\mathfrak{A} = \mathfrak{L}(\mathfrak{R}, \mathfrak{R})$ ist: dann besitzt nämlich, wie oft bemerkt, R stets eine Darstellung gemäß Satz (3.7.14) (α), (β), (γ).

Wir interpretieren für diesen Fall zunächst Satz (4.7.13). Er besagt, daß für jedes $c \in P_\sigma\mathfrak{R}\setminus\{0\}$, also jeden Hauptvektor zu einem Eigenwert ν_σ von R, für den $\nu_\sigma + n$ $(n \in \mathbb{N})$ nicht Eigenwerte sind, eine Lösung von

$$y' = F(x)\,y$$

der Form

$$y(x) = x^{\nu_\sigma} \sum_{\mu=0}^{\alpha-1} \frac{1}{\mu!} \log(x)^\mu\, h_\mu(x)$$

mit

$$h_\mu \in \mathscr{H}(\Omega_0, \mathfrak{R}), \qquad h_\mu(0) = N^\mu c \qquad (\mu = 0, \ldots, \alpha - 1)$$

existiert, wobei

$$\alpha \in \mathbb{N} \quad \text{mit} \quad N^\alpha c = 0, \qquad N^{\alpha-1}c \neq 0$$

ist. Dabei erhält man, wenn man c eine Basis von $P_\sigma\mathfrak{R}$ durchlaufen läßt, entsprechend viele linear unabhängige Lösungen. Speziell im Falle, daß die verschiedenen Eigenwerte von R keine ganzzahlige Differenz haben, also oben $\tilde{R} = R$ wird, hat man hiermit eine vollständige Übersicht über die Struktur eines Fundamentalsystems von Lösungen von $y' = F(x)\,y$.

Analog ist Satz (4.7.12) zu erläutern. Speziell entsteht für jeden Eigenvektor c zu einem Eigenwert $\tilde{\nu}_\tau$ von $\tilde{R}$ eine Lösung (Floquetsche Lösung) der Form

$$y(x) = Y(x)\,c = x^{\nu_\lambda} h(x)$$

mit

$$h \in \mathscr{H}(\Omega_0, \mathfrak{R}), \qquad h(0) \neq 0,$$

wo ν_λ Eigenwert von R mit

$$\nu_\lambda - \tilde{\nu}_\tau \in \mathbb{N}_0$$

und $h(0)$ zugehöriger Eigenvektor ist.

4.8 Isolierte Singularitäten von linearen Dgln höherer Ordnung

Es seien Ω Gebiet $\subset \mathbb{C}$ und

$$f_\kappa : \Omega \to \mathbb{C} \ \textit{holomorph} \qquad (\kappa = 1, 2, \ldots, n).$$

Ein $a \in \mathbb{C} \setminus \Omega$ heißt genau dann *reguläre Stelle* bzw. *isolierte Singularität* der Dgl

$$\eta^{(n)} + f_1(x)\,\eta^{(n-1)} + \ldots + f_n(x)\,\eta = 0, \tag{4.8.1}$$

wenn a eine für alle Funktionen f_κ hebbare bzw. für mindestens ein f_κ nicht hebbare isolierte Singularität im funktionentheoretischen Sinne ist.

∞ wird als *reguläre Stelle* bzw. *isolierte Singularität* von (4.8.1) bezeichnet, wenn die Transformation

$$z = \frac{1}{x}, \qquad \tilde{\eta}(z) = \eta(x) \qquad (x \in \Omega \setminus \{0\})$$

zu einer Dgl für $\tilde{\eta}$ führt, die 0 als reguläre Stelle bzw. isolierte Singularität besitzt.

Im folgenden beschränken wir uns zunächst auf die Betrachtung der Stelle 0 und nehmen hier o. B. d. A. mit $0 < \rho < \infty$

$$\Omega = \{x \in \mathbb{C} : 0 < |x| < \rho\}, \qquad \Omega_0 := \Omega \cup \{0\}$$

an.

Bezeichnet man

$$\delta := x \frac{d}{dx},$$

so kann (4.8.1) mit eindeutig bestimmten

$$\hat{f}_\kappa : \Omega \to \mathbb{C} \quad \textit{holomorph} \qquad (\kappa = 1, 2, \ldots, n)$$

in der Form

$$\delta^n \eta + \hat{f}_1(x)\,\delta^{n-1}\eta + \ldots + \hat{f}_n(x)\,\eta = 0 \tag{4.8.2}$$

geschrieben werden. Dazu ist nur zu beachten, daß mit konstanten Koeffizienten $\alpha_{m\mu}, \beta_{m\mu} \in \mathbb{N}_0$

$$\delta^m = \sum_{\mu=0}^{m} \alpha_{m\mu} x^\mu \frac{d^\mu}{dx^\mu}, \qquad x^m \frac{d^m}{dx^m} = \sum_{\mu=0}^{m} \beta_{m\mu} \delta^\mu \qquad (m \in \mathbb{N}_0)$$

gilt.

(4.8.2) ist offenbar über

$$y = \begin{pmatrix} \eta \\ \delta\eta \\ \vdots \\ \delta^{n-1}\eta \end{pmatrix} \tag{4.8.3}$$

äquivalent zu

(4.8.4) $$y' = F(x)\, y$$

mit

$$F(x) = \frac{1}{x}\begin{pmatrix} 0 & 1 & 0 & \dots & 0 \\ 0 & 0 & 1 & & 0 \\ \vdots & \vdots & & & \\ 0 & 0 & & & 1 \\ -\hat{f}_n(x) & -\hat{f}_{n-1}(x) & \dots & & -\hat{f}_1(x) \end{pmatrix}$$

Ist nun 0 isolierte Singularität von (4.8.1), so nennen wir — das erweist sich als zweckmäßig — 0 *einfache Singularität* von (4.8.1), wenn 0 einfache Singularität von (4.8.4) gemäß 4.5 ist.

Offenbar ist 0 genau dann höchstens einfache Singularität von (4.8.1) — d. h. reguläre Stelle oder einfache Singularität —, wenn die n Funktionen $\hat{f}_\kappa$ in 0 hebbare isolierte Singularitäten besitzen, also o. B. d. A. in 0 holomorph sind. Es wird dann gerade

(4.8.5) $$F(x) = \frac{1}{x} R + G(x)$$

mit

(4.8.6) $$R = \begin{pmatrix} 0 & 1 & 0 & \dots & 0 \\ 0 & 0 & 1 & & 0 \\ \vdots & \vdots & & & \\ 0 & 0 & & & 1 \\ -\hat{f}_n(0) & -\hat{f}_{n-1}(0) & \dots & & -\hat{f}_1(0) \end{pmatrix}$$

und o. B. d. A.

(4.8.7) $$G \in \mathscr{H}(\Omega_0, \mathfrak{A}), \qquad \mathfrak{A} = \mathfrak{L}(\mathbb{C}^n, \mathbb{C}^n).$$

Wir vermerken wieder — vgl. Satz (3.10.4) —

(4.8.8) $$\det(tE - R) = t^n + \hat{f}_1(0)\, t^{n-1} + \dots + \hat{f}_n(0) =: \varphi(t)$$

und zeigen

(4.8.9) **Satz:** 0 *ist genau dann höchstens einfache Singularität von* (4.8.1), *wenn mit*

$$a_\kappa \in \mathscr{H}(\Omega_0, \mathbb{C}) \qquad (\kappa = 1, 2, \dots, n)$$

gilt

$$f_\kappa(x) = x^{-\kappa} a_\kappa(x) \qquad (x \in \Omega).$$

Damit wird

$$\varphi(t) = n! \binom{t}{n} + \sum_{\kappa=1}^{n} (n-\kappa)! \binom{t}{n-\kappa} a_\kappa(0).$$

Zum *Beweis* geht man von der Identität der Differentialoperatoren

$$x^n\left(\frac{d}{dx}\right)^n + (xf_1(x))\,x^{n-1}\left(\frac{d}{dx}\right)^{n-1} + \dots + (x^n f_n(x))\left(\frac{d}{dx}\right)^0 =$$

$$= \delta^n + \hat{f}_1(x)\,\delta^{n-1} + \dots + \hat{f}_n(x)\,\delta^0$$

aus und wendet diese auf x^t $(t \in \mathbb{C})$ an. Es entsteht mit $f_0(x) = \hat{f}_0(x) = 1$ die Identität

$$\sum_{\kappa=0}^{n} (n-\kappa)!\binom{t}{n-\kappa}(x^\kappa f_\kappa(x)) = \sum_{\mu=0}^{n} t^{n-\mu}\hat{f}_\mu(x) \qquad ((x,t) \in \Omega \times \mathbb{C}).$$

Da sowohl $t^{n-\mu}$ $(\mu = 0, 1, \dots, n)$ als auch $\binom{t}{n-\kappa}$ $(\kappa = 0, 1, \dots, n)$ je eine Basis des $(n+1)$-dimensionalen Raumes über $\mathbb{C}$ der komplexwertigen Polynome vom Grade $\leqq n$ bilden, liest man die Behauptungen ab; die letzte Gleichung insbesondere mit $x \to 0$. □

Das Polynom φ wird als *charakteristisches Polynom* der Dgl (4.8.1) zur höchstens einfachen Singularität 0, die Gleichung $\varphi(t) = 0$ als *Indexgleichung* oder (in der älteren Literatur) als *determinierende Fundamentalgleichung* bezeichnet. Ihre Wurzeln heißen auch *Indizes.*

Ist 0 als höchstens einfache Singularität eine reguläre Stelle, so gilt notwendig

(α_1) $$a_\kappa(0) = 0 \qquad (\kappa = 1, 2, \dots, n)$$

oder äquivalent

(α_2) $$\varphi(t) = t(t-1)\dots(t-n+1).$$

Charakteristisch ist offenbar die stärkere Forderung

(β) $$a_\kappa^{(\rho)}(0) = 0 \qquad (\kappa = 1, 2, \dots, n;\ \rho = 0, 1, \dots, \kappa - 1).$$

Im Gegensatz zu den n Bedingungen (α_1) sind dies $\frac{1}{2}n(n+1)$ Bedingungen, also $\frac{1}{2}n(n-1)$ mehr.

Charakteristisch für eine reguläre Stelle 0 ist andererseits auch die Existenz eines Fundamentalsystems von Lösungen

$$\eta_\kappa \in \mathscr{H}(\Omega_0, \mathbb{C}) \qquad (\kappa = 1, 2, \dots, n)$$

mit

$$\eta_\kappa^{(\rho-1)}(0)\begin{cases} = 0 & (\rho < \kappa) \\ \neq 0 & (\rho = \kappa) \end{cases} \qquad (\kappa = 1, 2, \dots, n).$$

Dies ist notwendig nach dem Existenzsatz für das Anfangswertproblem — Satz (4.1.1) —. Es ist andererseits hinreichend, weil die zugehörige Wronskimatrix

$$Y(x) = (\eta_\kappa^{(\rho-1)}(x))_{(n,n)}$$

in 0 invertierbar ist und somit

$$Y'(x)\,Y(x)^{-1} = \begin{pmatrix} 0 & 1 & 0 & \dots & 0 \\ 0 & 0 & 1 & & 0 \\ \vdots & \vdots & & & \\ 0 & 0 & & & 1 \\ -f_n(x) & -f_{n-1}(x) & \dots & & -f_1(x) \end{pmatrix}$$

in 0 holomorph wird.

Nun zum Fall der einfachen Singularität. Hier gehen wir davon aus, daß die Indizes, der Ordnung entsprechend gezählt, wie wir sahen, gerade die Eigenwerte der zugehörigen Matrix R gemäß (4.8.6) sind. Da die entsprechenden Hauptvektoren aus Satz (3.10.4) bekannt sind, kann man aus den allgemeinen Strukturaussagen von 4.7 leicht spezielle Aussagen über die Struktur eines Fundamentalsystems von Lösungen der Dgl (4.8.1) machen.

Ist insbesondere ν Wurzel r-ter Ordnung der Indexgleichung und sind $\nu + n$ ($n \in \mathbb{N}$) nicht Indizes, so gibt es nach Satz (4.7.11), Satz (4.7.13) ein zugehöriges System von r linear unabhängige Lösungen der Form

$$\begin{aligned} \eta_1(x) &= x^\nu \zeta_1(x), \\ \eta_2(x) &= x^\nu(\zeta_2(x) + \log(x)\,\zeta_1(x)), \\ &\vdots \\ \eta_r(x) &= x^\nu \sum_{\rho=0}^{r-1} \frac{\log(x)^\rho}{\rho!}\,\zeta_{r-\rho}(x), \end{aligned}$$

mit

$$\begin{aligned} &\zeta_\rho \in \mathscr{H}(\Omega_0, \mathbb{C}) \\ &\zeta_1(0) \neq 0, \qquad \zeta_\rho(0) = 0 \qquad (\rho = 2, 3, \dots, r). \end{aligned}$$

Falls die verschiedenen Indizes sich nicht um ganze Zahlen unterscheiden, so erhält man in der Zusammenfassung aller eben angegebenen Gruppen ein Fundamentalsystem von Lösungen.

Im Falle des Auftretens von Indizes mit ganzzahliger Differenz kann man gemäß Satz (4.7.11), Satz (4.7.12) vorgehen und die Resultate ähnlich dem Vorangehenden interpretieren.

Man kann jedoch auch von einer Lösung

$$\eta_1(x) = x^\nu \zeta_1(x)$$

zu einem Index ν, für den $\nu + n$ ($n \in \mathbb{N}$) nicht Indizes sind, und für die man o. B. d. A.

$$\zeta_1, \frac{1}{\zeta_1} \in \mathscr{H}(\Omega_0, \mathbb{C})$$

annehmen kann, ausgehen und den Reduktionsschritt von 3.5 vornehmen. Man rechnet dazu am besten (4.8.2) mit

$$\eta = \eta_1 \xi$$

über

$$\delta^m(\eta_1\xi) = \sum_{\mu=0}^{m} \binom{m}{\mu} \delta^{m-\mu}\eta_1 \delta^\mu \xi$$

in

(4.8.10) $$\delta^n \xi + \tilde{f}_1(x)\,\delta^{n-1}\xi + \ldots + \tilde{f}_n(x)\,\xi = 0$$

mit

(4.8.11) $$\tilde{f}_{n-\mu} = \frac{1}{\eta_1} \sum_{m=\mu}^{n} \binom{m}{\mu} \hat{f}_{n-m} \delta^{m-\mu}\eta_1 \qquad (\mu = 0, \ldots, n-1)$$

um. Hier ist natürlich $\hat{f}_0 = 1$ gesetzt. Da η_1 die Dgl (4.8.2) erfüllt, wird $\tilde{f}_n = 0$. Damit wird (4.8.10) zu einer linearen homogenen Dgl $(n-1)$-ter Ordnung für $\delta\xi$, die wegen

$$\frac{1}{\eta_1} \delta^{m-\mu}\eta_1 \in \mathscr{H}(\Omega_0, \mathbb{C})$$

und (4.8.11) in 0 eine höchstens einfache Singularität besitzt.

Geht man von der Operator-Identität

$$(\delta^n + \hat{f}_1 \delta^{n-1} + \ldots + \hat{f}_n \delta^0)\,\eta_1 \cdot = \eta_1 \cdot (\delta^{n-1} + \tilde{f}_1 \delta^{n-2} + \ldots + \tilde{f}_{n-1}\delta^0)\,\delta$$

aus, wendet sie auf $x^{t-\nu}$ $(t \in \mathbb{C})$ an und vergleicht den Koeffizienten von x^t, so gewinnt man mit $\zeta_1(0) \neq 0$ gerade für das charakteristische Polynom φ zur ursprünglichen Dgl und das charakteristische Polynom ψ zur reduzierten Dgl $(n-1)$-ter Ordnung den Zusammenhang

$$\varphi(t) = (t-\nu)\,\psi(t-\nu).$$

Daraus liest man sofort die zu erwartende Aussage über die Indizes ab.

Hat man zur reduzierten Dgl $(n-1)$-ter Ordnung ein Fundamentalsystem

$$\delta\xi_2, \delta\xi_3, \ldots, \delta\xi_n$$

der Form

$$\delta\xi_\mu = x^{\nu_\mu - \nu} \sum_{\rho=0}^{r_\mu - 1} \frac{\log(x)^\rho}{\rho!} \zeta_{\mu\rho}(x)$$

gewonnen, so kann man durch Multiplikation mit x^{-1} und Integration $\xi_2, \xi_3, \ldots, \xi_n$ bestimmen und erhält mit

$$\eta_1, \eta_1\xi_2, \ldots, \eta_1\xi_n$$

ein Fundamentalsystem entsprechender Bauart für (4.8.1). Bei der Integration kann nur im Falle $\nu - \nu_\mu \in \mathbb{N}_0$ ein zusätzlicher Faktor $\log(x)$ entstehen.

Die eben verwendete Reduktion führt auch zum Beweis von

(4.8.12) **Satz:** *Es sei* 0 *singuläre Stelle der Bestimmtheit der Dgl* (4.8.1), *d. h.:*

Es gebe ein Fundamentalsystem von Lösungen der Form

$$\eta_\mu(x) = x^{\nu_\mu} \sum_{\rho=0}^{r_\mu - 1} \frac{1}{\rho!} \log(x)^\rho \, \zeta_{\mu\rho}(x) \qquad (\mu = 1, \dots, n)$$

mit

$$\nu_\mu \in \mathbb{C}, \qquad r_\mu \in \mathbb{N},$$

$$\zeta_{\mu\rho} \in \mathscr{H}(\Omega_0, \mathbb{C}) \qquad (\rho = 0, \dots, r_\mu - 1).$$

Dann ist 0 höchstens einfache Singularität von (4.8.1).

Beweis: Wir bemerken zunächst, daß für ein η_μ mit $r_\mu \geqq 2$ und $\zeta_{\mu r_\mu - 1} \neq 0$

$$\exp(-2\pi i\nu_\mu)\, \eta_\mu(x \exp(2\pi i)) - \eta_\mu(x) =$$

$$= x^{\nu_\mu} \sum_{\rho=0}^{r_\mu - 1} \frac{1}{\rho!} [(\log(x) + 2\pi i)^\rho - \log(x)^\rho] \, \zeta_{\mu\rho}(x)$$

wieder eine Lösung der gleichen Bauart liefert, die nun nur noch Terme mit $\log(x)^\rho$ $(\rho = 0, \dots, r_\mu - 2)$ enthält und die offenbar nicht die triviale Lösung ist. Man kann daher o. B. d. A. (Austausch) annehmen, daß diese im betrachteten Fundamentalsystem $\eta_1, \dots, \eta_n$ vorkommt. Durch Wiederholung dieser Überlegung gelangt man schließlich zu einem Fundamentalsystem, für das o. B. d. A.

$$\eta_1(x) = x^{\nu_1} \zeta_{10}(x), \qquad \zeta_{10}(0) \neq 0$$

gilt. Da in geeigneter Umgebung $\zeta_{10}(x) \neq 0$ wird, kann man entsprechend (4.8.10), (4.8.11) reduzieren. Für die reduzierte Dgl $(n - 1)$-ter Ordnung erhält man mit

$$\delta \frac{\eta_2}{\eta_1}, \delta \frac{\eta_3}{\eta_1}, \dots, \delta \frac{\eta_n}{\eta_1}$$

ein Fundamentalsystem gleicher Bauart. 0 ist also eine singuläre Stelle der Bestimmtheit für (4.8.10). Damit ist nun ein Induktionsbeweis möglich. Für $n = 1$ ist die Aussage von Satz (4.8.12) unmittelbar klar. Ist sie für $n - 1$ bewiesen, so sind die $\tilde{f}_\mu$ in 0 holomorph, und damit durch rekursive Benutzung von (4.8.11) für $\mu = n - 1, n - 2, \dots, 0$ auch die $\hat{f}_\mu$. Das aber ist die Behauptung. □

Wir betrachten nun noch kurz den Fall einer beliebigen isolierten Singularität $a \in \mathbb{C} \setminus \Omega$ bzw. der isolierten Singularität ∞. Man bezeichnet diese jeweils als *einfache Singularität* der Dgl (4.8.1), wenn die Transformation

$$z = x - a, \qquad \tilde{\eta}(z) = \eta(x)$$

bzw.

$$z = \frac{1}{x}, \qquad \tilde{\eta}(z) = \eta(x)$$

auf eine Dgl für $\tilde{\eta}$ führt, für die 0 eine einfache Singularität ist. Als charakteristisches Polynom, Indexgleichung usw. zu a bzw. zu ∞ wird dann natürlich das entsprechende charakteristische Polynom, die entsprechende Indexgleichung usw. zu 0 der bei der Transformation entstehenden Dgl bezeichnet.

Satz (4.8.9) überträgt sich unmittelbar auf den Fall $a \in \mathbb{C} \setminus \Omega$.

Die Umrechnung für den Fall ∞ geschieht am besten anhand von (4.8.2). Es gilt dann nämlich

$$\delta' = z\frac{d}{dz} = -x\frac{d}{dx} = -\delta,$$

so daß für $\tilde{\eta}(z) = \eta(x)$, $z = \frac{1}{x}$ entsteht:

$$[\delta^n + \hat{f}_1(x)\,\delta^{n-1} + \ldots + \hat{f}_n(x)\,\delta^0]\,\eta =$$

$$= \left[(-\delta')^n + \hat{f}_1\left(\frac{1}{z}\right)(-\delta')^{n-1} + \ldots + \hat{f}_n\left(\frac{1}{z}\right)(-\delta')^0\right]\tilde{\eta}.$$

Damit ist erkennbar, daß ∞ genau dann höchstens einfache Singularität von (4.8.1) ist, wenn $\hat{f}_1, \hat{f}_2, \ldots, \hat{f}_n$ in ∞ holomorph sind.

Die Umrechnung von Satz (4.8.9) ergibt

(4.8.13) **Satz:** *∞ ist genau dann höchstens einfache Singularität von* (4.8.1), *wenn mit in ∞ holomorphen Funktionen a_κ* ($\kappa = 1, \ldots, n$)

$$a_\kappa(x) = x^\kappa f_\kappa(x) \qquad (x \in \Omega)$$

gilt.

Das charakteristische Polynom zu ∞ wird damit

$$\varphi(t) = t^n - \hat{f}_1(\infty)\,t^{n-1} + \ldots + (-1)^n \hat{f}_n(\infty).$$

Man bestätigt entsprechend Satz (4.8.9) sofort

(4.8.14) $$\varphi(t) = (-1)^n \sum_{\kappa=0}^{n} (n-\kappa)!\binom{-t}{n-\kappa} a_\kappa(\infty)$$

mit $a_0(\infty) = 1$.

Als *Fuchssche Dgl* bezeichnet man die Dgl (4.8.1) genau dann, wenn mit (verschiedenen) $x_1, \ldots, x_l \in \mathbb{C}$

$$\Omega = \mathbb{C} \setminus \{x_1, \ldots, x_l\}$$

gilt und alle Stellen x_κ ($\kappa = 1, \ldots, l$) und die Stelle ∞ höchstens einfache Singularitäten von (4.8.1) sind.

Die Bedingung für die x_κ ist offenbar genau dann erfüllt, wenn für $\mu = 1, \ldots, n$ mit ganzen Funktionen g_μ

(4.8.15) $$f_\mu(x) = g_\mu(x) \prod_{\kappa=1}^{l} (x - x_\kappa)^{-\mu} \qquad (\mu = 1, 2, \ldots, n)$$

gilt.

Die Bedingung für ∞ bedeutet nun genau, daß $x^\mu f_\mu(x)$ in ∞ holomorph sein muß, daß also für $\mu = 1, 2, \ldots, n$

(4.8.16) $$g_\mu \textit{ Polynom vom Grade } \leqq (l-1)\,\mu$$

ist.

Für $l = 0$ erscheint offenbar die Dgl

$$\eta^{(n)} = 0$$

und für $l = 1$, $x_1 = 0$ die Eulersche Dgl

$$x^n \eta^{(n)} + \gamma_1 x^{n-1} \eta^{(n-1)} + \ldots + \gamma_n \eta = 0$$

mit konstanten $\gamma_\mu \in \mathbb{C}$ $(\mu = 1, 2, \ldots, n)$.

4.9 Transformationssätze für lineare homogene Dgln n-ter Ordnung

Wir notieren zunächst

(4.9.1) *Sei Ω Gebiet $\subset \mathbb{C}$ und*

$$\alpha : \Omega \to \mathbb{C} \quad \textit{holomorph}$$

mit

$$\alpha(x) \neq 0 \qquad (x \in \Omega).$$

Seien ferner für $\kappa = 1, 2, \ldots, n$

$$f_\kappa : \Omega \to \mathbb{C} \quad \textit{holomorph.}$$

Dann gilt für in Ω lokal holomorphe Funktionen η, $\tilde{\eta}$ mit

$$\eta(x) = \alpha(x)\,\tilde{\eta}(x)$$

die Identität

$$\eta^{(n)} + f_1 \eta^{(n-1)} + \ldots + f_n \eta = \alpha \cdot (\tilde{\eta}^{(n)} + \tilde{f}_1 \tilde{\eta}^{(n-1)} + \ldots + \tilde{f}_n \tilde{\eta})$$

mit den in Ω holomorphen Funktionen

$$\tilde{f}_{n-\rho}(x) = \frac{1}{\alpha(x)} \sum_{\kappa=\rho}^{n} f_{n-\kappa}(x) \binom{\kappa}{\rho} \alpha^{(\kappa-\rho)}(x) \qquad (\rho = 0, \ldots, n-1)$$

und $f_0(x) = 1$.

Daraus liest man ab

(4.9.2) *$a \in (\mathbb{C} \cup \{\infty\}) \setminus \Omega$ sei hebbare Singularität von α und $\alpha(a) \neq 0$. Hat dann die Dgl*

(*) $$\eta^{(n)} + f_1(x)\,\eta^{(n-1)} + \ldots + f_n(x)\,\eta = 0$$

in a eine reguläre Stelle bzw. einfache Singularität, so hat auch die Dgl

(**) $$\tilde{\eta}^{(n)} + \tilde{f}_1(x)\,\tilde{\eta}^{(n-1)} + \ldots + \tilde{f}_n(x)\,\tilde{\eta} = 0$$

in a eine reguläre Stelle bzw. einfache Singularität. Die zugehörigen charakteristischen Polynome stimmen überein.

Für $a \neq \infty$ liest man die Aussage bezüglich der hebbaren Singularität direkt aus der Darstellung von $\tilde{f}_{n-\rho}$ in (4.9.1) ab. Im Falle der einfachen Singularität $a \neq \infty$ schreibt man diese Formel um zu

$$(x-a)^{n-\rho}\tilde{f}_{n-\rho}(x) = \frac{1}{\alpha(x)} \sum_{\kappa=\rho}^{n} (x-a)^{\kappa-\rho}\left[(x-a)^{n-\kappa} f_{n-\kappa}(x)\right]\binom{\kappa}{\rho}\alpha^{(\kappa-\rho)}(x).$$

Man liest nun ab, daß mit den Funktionen

$$(x-a)^{n-\kappa} f_{n-\kappa}(x)$$

auch die Funktionen

$$(x-a)^{n-\kappa} \tilde{f}_{n-\kappa}(x)$$

in a holomorph sind und dort den gleichen Wert haben. Dabei hat mindestens ein $\tilde{f}_{n-\kappa}$ in a keine hebbare Singularität, weil man sonst mit der vorangehenden Überlegung auf die $f_{n-\kappa}$ zurückschließen könnte. Der Fall $a = \infty$ wird mit $x = \dfrac{1}{z}$ auf $a = 0$ zurückgeführt. □

Weiter folgt mit (4.9.1):

(4.9.3) *Ist $a \in \mathbb{C} \setminus \Omega$ höchstens einfache Singularität der Dgl (*) und transformiert man gemäß (4.9.1) lokal mit $\alpha(x) = (x-a)^\nu$ ($\nu \in \mathbb{C}$), so sind $\tilde{f}_\kappa$ in Ω eindeutig holomorph und die Dgl (**) hat in a eine höchstens einfache Singularität. Für die zugehörigen charakteristischen Polynome gilt*

$$\varphi_{**}(t) = \varphi_*(t+\nu).$$

Dazu liest man in (4.9.1) zunächst

$$(x-a)^{n-\rho}\tilde{f}_{n-\rho}(x) = \sum_{\kappa=\rho}^{n} (x-a)^{n-\kappa} f_{n-\kappa}(x)\binom{\kappa}{\rho}\binom{\nu}{\kappa-\rho}(\kappa-\rho)!$$

ab. Das liefert die erste Behauptung. Für die zweite setzt man in der Identität von (4.9.1) lokal $\tilde{\eta} = (x-a)^t$ ein. Das gibt durch Vergleich der Koeffizienten von $(x-a)^{\nu+t-n}$ genau die Aussage über die charakteristischen Polynome. □

Wir schließen diese Überlegungen ab mit

(4.9.4) *Ist ∞ höchstens einfache Singularität der Dgl (*) und transformiert man mit $a \in \mathbb{C}\setminus\Omega$, $\alpha(x) = (x-a)^\nu$, $\nu \in \mathbb{C}$ lokal gemäß (4.9.1), so sind die $\tilde{f}_\kappa$ in Ω eindeutig holomorph und die Dgl (**) hat in ∞ eine höchstens einfache Singularität. Für die zugehörigen charakteristischen Polynome gilt*

$$\varphi_{**}(t) = \varphi_*(t-\nu).$$

Man verfährt dazu wie beim Beweis von (4.9.3). Nur liest man jetzt ab, daß mit

$$x^{n-\rho} f_{n-\rho}(x) \qquad (\rho = 0, 1, 2, \ldots, n-1)$$

auch

$$(x-a)^{n-\rho} f_{n-\rho}(x),$$

also nach der notierten Formel

$$(x-a)^{n-\rho} \tilde{f}_{n-\rho}(x)$$

und damit

$$x^{n-\rho} \tilde{f}_{\mu-\rho}(x)$$

in ∞ holomorph sind. Man hat dabei (4.8.13) heranzuziehen. Für die zweite Aussage setzt man in die Identität von (4.9.1) lokal wieder $\tilde{\eta} = (x-a)^t$ ein und vergleicht für die Entwicklung nach Potenzen von $(x-a)$ um ∞ die Koeffizienten von $(x-a)^{t+\nu-n}$. Dazu ist (4.8.14) zu beachten. □

Wir untersuchen nun eine Transformation der unabhängigen Variablen.

Wir notieren zunächst:

(4.9.5) *Ω und Ω' seien Gebiete in $\mathbb{C}$. θ bilde Ω bijektiv und (in beiden Richtungen) holomorph auf Ω' ab. Die Umkehrfunktion sei $\chi = \theta^{-1}$. Ferner seien*

$$f_\kappa : \Omega \to \mathbb{C} \quad \textit{holomorph} \qquad (\kappa = 1, 2, \ldots, n).$$

Dann existieren eindeutig

$$g_\kappa : \Omega' \to \mathbb{C} \quad \textit{holomorph} \qquad (\kappa = 1, 2, \ldots, n),$$

derart daß für jede in Ω lokal holomorphe Funktion η und ihre lokal in Ω' gegebene Transformierte ξ gemäß

$$\eta(x) = \xi(\theta(x)), \qquad \xi(z) = \eta(\chi(z))$$

die Identität

$$\eta^{(n)}(x) + f_1(x)\,\eta^{(n-1)}(x) + \ldots + f_n(x)\,\eta(x) =$$
$$= \chi'(z)^{-n}\left[\xi^{(n)}(z) + g_1(z)\,\xi^{(n-1)}(z) + \ldots + g_n(z)\,\xi(z)\right]$$

mit $z = \theta(x)$ gilt.

Zum *Beweis* hat man offenbar nur

$$\frac{d}{dx} = \chi'(z)^{-1}\frac{d}{dz}, \qquad \chi'(z) \neq 0 \qquad (z \in \Omega')$$

zu beachten. □

Wir zeigen nun:

(4.9.6) *Es sei $a \in (\mathbb{C} \cup \{\infty\}) \setminus \Omega$ isolierte Singularität von θ. Dann ist a entweder hebbare Singularität oder Pol von θ. Setzt man dementsprechend $\theta(a) = a' \in \mathbb{C}$ oder $\theta(a) = a' = \infty$, so ist $a' \in (\mathbb{C} \cup \{\infty\}) \setminus \Omega'$ isolierte Singularität von χ. Ist nun a reguläre Stelle bzw. einfache Singularität von*

$$(+) \qquad \eta^{(n)} + f_1(x)\,\eta^{(n-1)} + \ldots + f_n(x)\,\eta = 0,$$

so ist a' reguläre Stelle bzw. einfache Singularität von

$$(++) \qquad \xi^{(n)} + g_1(z)\,\xi^{(n-1)} + \ldots + g_n(z)\,\xi = 0.$$

Die zugehörigen charakteristischen Polynome sind gleich.

Beweis: Zunächst kann man, gegebenenfalls durch Vorschalten von $x = x' + a$ bzw. $x = \frac{1}{x'}$, o. B. d. A. $a = 0$ annehmen. Da θ in Ω jeden Wert aus Ω' nur einmal annimmt, ist nun 0 einfache a'-Stelle ($a' \in \mathbb{C}$) oder einfacher Pol. Nun kann durch Nachschalten einer Transformation $z = z' + a'$ bzw. $z = \frac{1}{z'}$ auch o. B. d. A. $a' = 0$ angenommen werden. Im reduzierten Falle $a = a' = 0$ erhält man die Aussage bezüglich der hebbaren Singularität aus (4.9.5), indem man statt Ω, Ω' nun $\Omega \cup \{0\}$, $\Omega' \cup \{0\}$ betrachtet. Für $a = a' = 0$ und die einfache Singularität hat man

$$\delta_x = x\frac{d}{dx} = \left(\frac{z\chi'(z)}{\chi(z)}\right)^{-1} z\frac{d}{dz} = \omega(z)\,\delta_z$$

mit in 0 holomorphem ω und $\omega(0) = 1$. Damit kann man

$$\delta_x^n\eta + \hat{f}_1(x)\,\delta_x^{n-1}\eta + \ldots + \hat{f}_n(x)\,\eta = \omega(z)^n\,[\delta_z^n\xi + \hat{g}_1(z)\,\delta_z^{n-1}\xi + \ldots + \hat{g}_n(z)\,\xi]$$

umrechnen. Dabei sind wegen $\omega(z) \neq 0$ $(z \in \Omega)$ mit $\hat{f}_\kappa$ $(\kappa = 1, 2, \ldots, n)$ auch $\hat{g}_\kappa$ $(\kappa = 1, 2, \ldots, n)$ in 0 holomorph. Da nach der ersten Überlegung (rückwärts angewandt) 0 nicht hebbare Singularität von $(++)$ sein kann, liegt also wieder eine einfache Singularität vor. Genauer beachtet man

$$(\omega(z)\,\delta_z)^\rho = \sum_{\kappa=1}^{\rho} \tau_{\rho\kappa}(z)\,\delta_z^\kappa \qquad (\rho = 1, 2, \ldots, n)$$

mit

$$\tau_{\rho\rho}(z) = \omega(z)^\rho$$

und holomorphen $\tau_{\rho\kappa}$ $(\kappa = 1, 2, \ldots, \rho - 1)$, die in 0 verschwinden. Das sieht man sofort induktiv. Mit $\omega(0) = 1$ folgt hieraus

$$\hat{g}_\kappa(0) = \hat{f}_\kappa(0) \qquad (\kappa = 1, 2, \ldots, n),$$

was schließlich die Aussage über die Identität der charakteristischen Polynome gibt. □

4.10 Fuchssche Dgln 2. Ordnung

Wir betrachten im folgenden eine Fuchssche Dgl 2. Ordnung

$$(4.10.1) \qquad \eta'' + f_1(x)\,\eta' + f_2(x)\,\eta = 0$$

und nehmen an, daß diese keine weiteren als die l endlichen Stellen

$$a_1, a_2, \ldots, a_l$$

und ∞ als höchstens einfache Singularitäten besitzt. Dabei wollen wir o. B. d. A.

$$l \geqq 2$$

verlangen.

Nach (4.8.15), (4.8.16) erhält man, indem man Division mit Rest und Partialbruchzerlegung mit dem Nenner $(x - a_1) \dots (x - a_l)$ durchführt, als charakteristisch hierfür die Koeffizientendarstellung

$$f_1(x) = \sum_{\kappa=1}^{l} \frac{\alpha_\kappa}{x - a_\kappa}, \tag{4.10.2}$$

$$f_2(x) = \prod_{\kappa=1}^{l} (x - a_\kappa)^{-1} \left(\sum_{\kappa=1}^{l} \frac{\beta_\kappa}{x - a_\kappa} + q(x) \right), \tag{4.10.3}$$

wo

$$q \textit{ Polynom vom Grade } \leqq l - 2 \tag{4.10.4}$$

ist.

Da die Transformation $z = \frac{1}{x}$, $\tilde{\eta}(z) = \eta(x)$ die Dgl

$$\tilde{\eta}''(z) + \frac{1}{z}\left(2 - \frac{1}{z} f_1\left(\frac{1}{z}\right)\right)\tilde{\eta}'(z) + \frac{1}{z^2}\left(\frac{1}{z^2} f_2\left(\frac{1}{z}\right)\right)\tilde{\eta} = 0$$

ergibt, ist ∞ reguläre Stelle genau dann, wenn zusätzlich

$$\sum_{\kappa=1}^{l} \alpha_\kappa = 2, \qquad \text{Grad } q \leqq l - 4 \tag{4.10.5}$$

und im Falle $l = 2$ noch

$$\sum_{\kappa=1}^{l} \beta_\kappa = 0 \tag{4.10.6}$$

gilt.

Die Indexgleichung in a_κ ($\kappa = 1, 2, \dots, l$) wird nach Satz (4.8.9)

$$t(t-1) + \alpha_\kappa t + \beta_\kappa \prod_{\substack{\rho=1 \\ \rho \neq \kappa}}^{l} (a_\kappa - a_\rho)^{-1} = 0. \tag{4.10.7}$$

Die Indexgleichung in ∞ wird nach (4.8.14)

$$t(t+1) - \sum_{\kappa=1}^{l} \alpha_\kappa t + \gamma = 0, \tag{4.10.8}$$

wobei γ der Koeffizient von x^{l-2} in q ist.

Bezeichnet man die Indizes an den Stellen a_κ ($\kappa = 1, 2, \dots, l$) mit ν_κ, ν'_κ und die Indizes in ∞ mit ν_{l+1}, ν'_{l+1}, so vergleicht man:

$$(4.10.9)\qquad \begin{aligned} \nu_\kappa + \nu'_\kappa &= 1 - \alpha_\kappa \qquad (\kappa = 1, 2, \dots, l)\\ \nu_\kappa \cdot \nu'_\kappa &= \beta_\kappa \prod_{\substack{\rho=1\\ \rho \neq \kappa}}^{l} (a_\kappa - a_\rho)^{-1} \end{aligned}$$

und

$$(4.10.10)\qquad \begin{aligned} \nu_{l+1} + \nu'_{l+1} &= \sum_{\kappa=1}^{l} \alpha_\kappa - 1,\\ \nu_{l+1} \cdot \nu'_{l+1} &= \gamma. \end{aligned}$$

Man erhält so in jedem Falle

$$(4.10.11)\qquad \sum_{\kappa=1}^{l+1} (\nu_\kappa + \nu'_\kappa) = l - 1.$$

Damit nun können wir die genaue Form der Fuchsschen Dgl mit $k(\geqq 3)$ höchstens einfachen Singularitäten in $\mathbb{C} \cup \{\infty\}$ notieren. Diese seien $a_1, a_2, \dots, a_k$ und dabei, falls ∞ auftritt, $a_k =' \infty$. Die zugehörigen Indizes seien wieder mit ν_κ, ν'_κ $(\kappa = 1, 2, \dots, k)$ bezeichnet.

Man erhält, falls $a_1, a_2, \dots, a_k \in \mathbb{C}$ sind

$$(4.10.12)\qquad \begin{aligned} &\eta'' + \left(\sum_{\kappa=1}^{k} \frac{1 - \nu_\kappa - \nu'_\kappa}{x - a_\kappa}\right)\eta' + \\ &+ \prod_{\kappa=1}^{k} (x - a_\kappa)^{-1} \left(\sum_{\kappa=1}^{k} \frac{\nu_\kappa \cdot \nu'_\kappa}{x - a_\kappa} \prod_{\substack{\rho=1\\ \rho \neq \kappa}}^{k} (a_\kappa - a_\rho) + p(x)\right)\eta = 0 \end{aligned}$$

und, falls $a_k = \infty$ ist,

$$(4.10.13)\qquad \begin{aligned} &\eta'' + \left(\sum_{\kappa=1}^{k-1} \frac{1 - \nu_\kappa - \nu'_\kappa}{x - a_\kappa}\right)\eta' + \\ &+ \prod_{\kappa=1}^{k-1} (x - a_\kappa)^{-1} \left(\sum_{\kappa=1}^{k-1} \frac{\nu_\kappa \cdot \nu'_\kappa}{x - a_\kappa} \prod_{\substack{\rho=1\\ \rho \neq \kappa}}^{k-1} (a_\kappa - a_\rho) + \nu_k \cdot \nu'_k\, x^{k-3} + p(x)\right)\eta = 0. \end{aligned}$$

Dabei ist in jedem Falle

(4.10.14) *p Polynom vom Grade* $\leqq k - 4$

und

$$(4.10.15)\qquad \sum_{\kappa=1}^{k} (\nu_\kappa + \nu'_\kappa) = k - 2.$$

Die im Falle $k \geqq 4$ auftretenden und nicht durch Angabe der a_κ, ν_κ, ν'_κ gebundenen $k - 3$ Koeffizienten von p werden als *akzessorische Parameter* bezeichnet.

Da p im Falle $k = 3$ nicht auftritt, ist eine Fuchssche Dgl 2. Ordnung mit den 3 höchstens einfachen Singularitäten a_κ ($\kappa = 1, 2, 3$) durch die 6 der Bedingung

$$\sum_{\kappa=1}^{3} (\nu_\kappa + \nu'_\kappa) = 1$$

genügenden zugehörigen Indizes ν_κ, ν'_κ ($\kappa = 1, 2, 3$) eindeutig bestimmt.

Man benutzt für diese Charakterisierung nach Riemann das Symbol

$$P\begin{bmatrix} a_1 & a_2 & a_3 & \\ \nu_1 & \nu_2 & \nu_3 & x \\ \nu'_1 & \nu'_2 & \nu'_3 & \end{bmatrix}. \tag{4.10.16}$$

Von besonderem Interesse ist nun die Anwendung der Transformationen aus 4.9 auf die durch (4.10.16) gegebene Fuchssche Dgl.

Wendet man zunächst die durch

$$z = \Theta(x) = \frac{\Theta_1 x + \Theta_2}{\Theta_3 x + \Theta_4} \quad \text{mit} \quad \Theta_\kappa \in \mathbb{C} \quad (\kappa = 1, \ldots, 4), \quad \Theta_1\Theta_4 - \Theta_2\Theta_3 \neq 0 \tag{4.10.17}$$

gegebenen Transformationen an, die bekanntlich die einzigen bijektiven holomorphen Abbildungen von $\mathbb{C} \cup \{\infty\}$ auf sich darstellen, so geben die Feststellungen (4.9.5), (4.9.6) hier

$$P\begin{bmatrix} \Theta(a_1) & \Theta(a_2) & \Theta(a_3) & \\ \nu_1 & \nu_2 & \nu_3 & \Theta(x) \\ \nu'_1 & \nu'_2 & \nu'_3 & \end{bmatrix} = P\begin{bmatrix} a_1 & a_2 & a_3 & \\ \nu_1 & \nu_2 & \nu_3 & x \\ \nu'_1 & \nu'_2 & \nu'_3 & \end{bmatrix}. \tag{4.10.18}$$

Dies ist so zu interpretieren: Jede Lösung η der Fuchsschen Dgl mit a_κ, ν_κ, ν'_κ ($\kappa = 1, 2, 3$) wird durch

$$\tilde{\eta}(z) = \eta(x), \qquad z = \Theta(x)$$

in eine Lösung $\tilde{\eta}$ der Fuchsschen Dgl mit $\Theta(a_\kappa)$, ν_κ, ν'_κ ($\kappa = 1, 2, 3$) transformiert und umgekehrt.

Wir betrachten nun Transformationen

$$\eta(x) = \alpha(x)\,\tilde{\eta}(x)$$

mit Funktionen α, die keine neuen Singularitäten erzeugen. Hier kommen offenbar nur die folgenden in Frage, wobei man die Fälle $a_3 = \infty$ und $a_1, a_2, a_3 \in \mathbb{C}$ unterscheiden muß:

Man kann mit $\lambda, \mu \in \mathbb{C}$

$$\alpha(x) = \left(\frac{x - a_1}{x - a_3}\right)^\lambda \left(\frac{x - a_2}{x - a_3}\right)^\mu \qquad (a_1, a_2, a_3 \in \mathbb{C}) \tag{4.10.19}$$

oder

$$a(x) = (x - a_1)^\lambda (x - a_2)^\mu \qquad (a_3 = \infty) \tag{4.10.20}$$

wählen und erhält nach (4.9.2), (4.9.3), (4.9.4)

$$(4.10.21)\qquad \alpha(x)\cdot P\begin{bmatrix} a_1 & a_2 & a_3 & \\ \nu_1-\lambda & \nu_2-\mu & \nu_3+\lambda+\mu & x \\ \nu_1'-\lambda & \nu_2'-\mu & \nu_3'+\lambda+\mu & \end{bmatrix} = P\begin{bmatrix} a_1 & a_2 & a_3 & \\ \nu_1 & \nu_2 & \nu_3 & x \\ \nu_1' & \nu_2' & \nu_3' & \end{bmatrix}.$$

Dies ist hier so zu interpretieren: Jede Lösung η der Fuchsschen Dgl mit dem P-Symbol rechts geht mit

$$\eta(x) = \alpha(x)\,\tilde{\eta}(x)$$

in eine Lösung $\tilde{\eta}$ der Fuchsschen Dgl mit dem P-Symbol links über und umgekehrt.

Da man nun bekanntlich gerade 3 beliebig gegebene verschiedene Stellen a_κ in 3 beliebig gegebene verschiedene Stellen a_κ' $(\kappa = 1, 2, 3)$ entsprechend der Reihenfolge eindeutig durch eine Transformation (4.10.17) überführen kann und andererseits mit (4.10.21) gerade an zwei Stellen a_κ' einen gegebenen Index erzeugen kann, ist als Normalform stets

$$P\begin{bmatrix} 0 & 1 & \infty & \\ 0 & 0 & a & x \\ \alpha & \beta & b & \end{bmatrix}$$

mit $\alpha + \beta + a + b = 1$ erreichbar. Wie wir sehen werden, setzt man zweckmäßig $\alpha = 1 - c$, also $\beta = c - a - b$.

Das Symbol

$$(4.10.22)\qquad P\begin{bmatrix} 0 & 1 & \infty & \\ 0 & 0 & a & x \\ 1-c & c-a-b & b & \end{bmatrix}$$

gehört zur Dgl

$$(4.10.23)\qquad x(1-x)\eta'' + \bigl(c-(a+b+1)x\bigr)\eta' - ab\eta = 0.$$

Dies ist die *hypergeometrische Dgl.* Sie erscheint also als Normalform der Fuchsschen Dgl 2. Ordnung mit 3 höchstens einfachen Singularitäten.

Ist

$$c \neq 0, -1, -2, \ldots,$$

so besitzt nach 4.8 die hypergeometrische Dgl genau eine in 0 holomorphe Lösung $\mathrm{F}(a, b; c; x)$ mit

$$\mathrm{F}(a, b; c; 0) = 1.$$

Zur Bestimmung ihrer — mindestens für $|x| < 1$ konvergenten — Potenzreihe um 0 schreibt man (4.10.23) mit

$$\delta = x\frac{d}{dx}$$

in der Form

$$(4.10.24)\qquad [\delta(\delta + c - 1) - x(\delta + a)(\delta + b)]\,\eta = 0.$$

Dies gibt für

$$F(a, b; c; x) = \sum_{n=0}^{\infty} \gamma_n x^n \qquad (|x| < 1)$$

durch Vergleich der Koeffizienten von x^{n+1} die zweigliedrige Rekursion

$$(n + 1)(n + c)\gamma_{n+1} = (n + a)(n + b)\gamma_n,$$

also mit $\gamma_0 = 1$ und der Abkürzung

$$(\alpha)_0 = 1, \qquad (\alpha)_n = \alpha(\alpha + 1) \dots (\alpha + n - 1)$$

gerade

$$\text{(4.10.25)} \qquad F(a, b; c; x) = \sum_{n=0}^{\infty} \frac{(a)_n (b)_n}{(c)_n\, n!} x^n \qquad (|x| < 1),$$

die *hypergeometrische Reihe.*

Bei der oben durchgeführten Transformation einer beliebigen Fuchsschen Dgl 2. Ordnung mit 3 Stellen auf eine hypergeometrische Dgl kann man die Reihenfolge der Stellen beliebig wählen, was $3! = 6$ Möglichkeiten gibt. Man kann weiterhin noch in (4.10.21) $\lambda = \nu_1$ oder $\lambda = \nu'_1$ sowie $\mu = \nu_2$ oder $\mu = \nu'_2$ wählen, was i. a. noch einmal 4 Möglichkeiten liefert. Ingesamt hat man also 24 Möglichkeiten der Transformation auf eine hypergeometrische Dgl.

Speziell hat man damit auch 24 Transformationen der hypergeometrischen Dgl (4.10.23) in andere hypergeometrische Dgln. Diese sind zuerst von Kummer angegeben worden.

Den 24 Transformationen entsprechen 24 Darstellungen von Lösungen durch hypergeometrische Reihen. Von diesen beziehen sich je 8 auf die gleiche singuläre Stelle. Im allgemeinen, d. h. bei nicht ganzer Indexdifferenz, stellen darunter je 4 zwei Lösungen eines Fundamentalsystems dar.

Bei den Transformationen der hypergeometrischen Dgl treten offenbar genau die 6 den 6 Permutationen von $0, 1, \infty$ entsprechenden gebrochenen linearen Funktionen auf:

$$x,\ 1 - x,\ \frac{1}{x},\ \frac{x}{x - 1},\ \frac{x - 1}{x},\ \frac{1}{1 - x}.$$

Für die genaueren Ausführungen und weitere Resultate sei auf die Spezialliteratur verwiesen.

5 Anhang: Übungsaufgaben

Die folgenden Übungsaufgaben sind vornehmlich Routineaufgaben, die dem Leser Gelegenheit geben sollen, sein Verständnis des vermittelten Stoffes unmittelbar am Beispiel zu überprüfen. Ein Teil der Aufgaben bringt jedoch auch Ergänzungen der Theorie und soll — unter anderem — zum weiterführenden Studium anregen.

Die Übungsaufgaben sind entsprechend der Gliederung der Theorie eingeteilt und numeriert. Schwierigere Aufgaben haben wir mit einer Anleitung versehen.

Aufgaben zu Abschnitt 1:

1.1 (a) Man löse die Anfangswertaufgabe

$$y' = \exp(-x)\, y(1-y)^{1/2}, \qquad y(\xi) = \eta \quad \mathit{in} \quad \{(x,y) \in \mathbb{R}^2 : 0 < y < 1\}.$$

(b) Man bestimme alle Lösungen von

$$y' = y^2 + y - 2.$$

Dabei diskutiere man die Abhängigkeit der maximalen Existenzintervalle der Lösungen bezüglich der Anfangswerte $(\xi, \eta) \in \mathbb{R}^2$.

1.2 (a) Man bestimme alle Lösungen von

$$y' = (x + y - 1)^2.$$

(b) Man bestimme alle Lösungen von

$$y' = \frac{y^3 + 3x^2 y}{2x^3} \quad \mathit{in} \quad \{(x,y) \in \mathbb{R}^2 : x > 0, y > 0\}.$$

1.3 (a) Man bestimme alle Lösungen von

$$y' = (2x + 1)\, y + (1 + \operatorname{tg}(x)^2) \exp(x^2 + x + 1)$$

für $x \in \left(-\frac{\pi}{2}, \frac{\pi}{2}\right)$.

(b) Man beweise: Ist $n \in \mathbb{N}_0$ und p ein reelles Polynom vom Grade n, so existiert genau eine auf $\mathbb{R}$ definierte stetig-differenzierbare reelle Funktion y

und genau ein reelles Polynom q vom Grade $n - 1$, so daß

$$y'(x) = 2xy(x) + p(x) \qquad (x \in \mathbb{R})$$

$$|y(x) - q(x)| = \mathcal{O}\left(\frac{1}{x}\right) \qquad (x \to +\infty)$$

gilt. (Man reduziert das Problem zunächst zweckmäßig auf den Fall $n = 0$.)

1.4 (a) Man bestimme alle Lösungen von

$$y' = -\frac{y(y+x)}{1+x^2}.$$

Für welche $\eta \in \mathbb{R}$ existiert eine Lösung der Anfangswertaufgabe mit $y(0) = \eta$ auf ganz $\mathbb{R}$?

(b) Man bestimme alle Lösungen von

$$y' = -\frac{2}{x}y + \frac{1}{x}y^{1/2} \quad in \quad \{(x, y)\ \mathbb{R}^2 : x > 0, y > 0\}.$$

1.5 (a) Man behandele Aufgabe 1.1 (b) als Riccatische Dgl und stelle deren Lösungsgesamtheit in der Form (1.5.11) dar.

(b) Man errate eine spezielle Lösung der Dgl

$$y' = y^2 + \left(2x + \frac{1}{x}\right)y + x^2 \quad in \quad \{(x, y) \in \mathbb{R}^2 : x > 0\}$$

und bestimme damit gemäß 1.5.2 alle Lösungen.

(c) Man bestimme die Lösungsgesamtheit von

$$y' = y^2 - \frac{(1 + \alpha + \beta)}{x}y + \frac{\alpha\beta}{x^2} \quad in \quad \{(x, y) \in \mathbb{R}^2 : x > 0\}$$

mit $\alpha, \beta \in \mathbb{R}$ und stelle sie in der Form (1.5.11) dar.

(d) Man beweise Satz (1.5.14) mit Satz (1.5.10) und der Invarianz des Doppelverhältnisses bei gebrochenen linearen Transformationen. (Man betrachte dazu die mit u_0, v_0 aus Satz (1.5.10) und u_1, v_1 aus (1.5.12) für festes $x \in i_0$ durch

$$\mathbb{R} \cup \{\infty\} \ni \gamma \mapsto l_x(\gamma) = \frac{v_1(x)\gamma + u_1(x)}{v_0(x)\gamma + u_0(x)} \in \mathbb{R} \cup \{\infty\}$$

gegebene gebrochene lineare Transformation.)

1.6 (a) Man zeige, daß

$$(y^2 - 4xy + 3x^2 + 1) + 2x(y - x)y' = 0$$

im $\mathbb{R}^2$ exakt ist und bestimme alle Lösungen.

(b) Man finde einen Multiplikator für

$$(x + y)(1 - xy) + (x + 2y)y' = 0$$

im $\mathbb{R}^2$ und bestimme alle Lösungen. Man untersuche dabei insbesondere die maximalen Existenzintervalle der Lösungen y mit $y(0) = \eta$ in Abhängigkeit von $\eta \in \mathbb{R}$.

(c) Es seien $\mathfrak{i}_1$ und $\mathfrak{i}_2$ offene Intervalle in $\mathbb{R}$, $f_1 : \mathfrak{i}_1 \times \mathfrak{i}_2 \to \mathbb{R}$ stetig, $f_2 : \mathfrak{i}_1 \to \mathbb{R}$ stetig, und für $x \in \mathfrak{i}_1$ gelte $f_2(x) \neq 0$. Man gebe notwendige und hinreichende Bedingungen für f_1 und f_2 an, daß die Dgl

$$f_1(x, y) + f_2(x)\, y' = 0$$

in $\mathfrak{i}_1 \times \mathfrak{i}_2$ exakt ist.

1.7 (a) Man bestimme alle Lösungen von

$$y = xy' + y'^2.$$

(b) Man bestimme alle Lösungen von

$$y = xy' - \cosh(y').$$

(c) Man gebe die Clairautsche Dgl an, deren singuläre Lösung $h(x) = \cosh(x)$ $(x \in \mathbb{R})$ ist.

1.8 (a) Man bestimme alle zweimal differenzierbaren Lösungen von

$$y = xy'^2 + y'^3.$$

(b) Man bestimme alle Lösungen von

$$y = x(1 + y') + y'^2.$$

(Dazu zeige man durch Auflösen nach y' unter Verwendung des Darbouxschen Zwischenwertsatzes für die Ableitung, daß alle Lösungen auf offenen Intervallen beliebig oft differenzierbar sind.)

(c) Es sei (1.8.2) vorausgesetzt. Man zeige, daß jede Lösung $y : \mathfrak{i} \to \mathbb{R}$ von (1.8.1) mit $f'(y'(x))\, x + g'(y'(x)) \neq 0$ für $x \in \mathfrak{i}$ zweimal stetig-differenzierbar ist. (Man wendet hierbei zweckmäßig den Satz über implizite Funktionen auf $h(x, t) = f(t)\, x + g(t) - y(x)$ an.)

Aufgaben zu Abschnitt 2

2.1 (a) Man zeige unter den Voraussetzungen von Satz (2.1.3): Mit dem Fixpunkt $\hat{x}$ von T und beliebigem $y_0 \in \bigcap_{n=1}^{\infty} \mathfrak{D}_{T^n}$ gilt

$$\delta(\hat{x}, T^n y_0) \leqq \delta(y_0, Ty_0) \sum_{\nu=n}^{\infty} \|T^\nu\| \qquad (n \in \mathbb{N}_0).$$

(b) Es seien die Voraussetzungen von Satz (2.1.3) mit $\mathfrak{D}_T = \mathfrak{M}$ erfüllt. Man zeige, daß für jede Folge $\{z_n\}_{n=0}^{\infty}$ in $\mathfrak{M}$ gilt

$$\limsup_{n\to\infty} \delta(\hat{x}, z_n) \leqq \left(\sum_{n=0}^{\infty} \|T^n\|\right) \limsup_{n\to\infty} \delta(z_{n+1}, Tz_n).$$

(Dazu beachtet man zweckmäßig, daß für $k \in \mathbb{N}_0$ $\limsup_{n\to\infty} \delta(\hat{x}, z_n) = \limsup_{n\to\infty} \delta(T^n z_k, z_{k+n})$ gilt.)

(c) Es seien f, g und y im kompakten Intervall $[\alpha, \beta]$ definierte stetige reelle Funktionen, für die $f(x) \geqq 0$ $(x \in [\alpha, \beta])$ und

$$y(x) \leqq g(x) + \int_\alpha^x f(t)\, y(t)\, dt \qquad (x \in [\alpha, \beta])$$

gelte. Man beweise mit Hilfe von Satz (2.1.3), daß genau eine in $[\alpha, \beta]$ definierte stetige reelle Funktion u mit

$$u(x) = g(x) + \int_\alpha^x f(t)\, u(t)\, dt \qquad (x \in [\alpha, \beta])$$

existiert und mit dieser $y(x) \leqq u(x)$ $(x \in [\alpha, \beta])$ gilt. Man folgere hieraus (1.3.9).

2.2 (a) Man beweise Satz (2.2.2).

(b) Man beweise Satz (2.2.4).

(c) Es sei $\mathfrak{i}$ ein beliebiges und $\mathfrak{j}$ ein kompaktes Intervall in $\mathbb{R}$. Mit einem (B)-Raum $\mathfrak{S}$ bezeichne $\mathfrak{R}$ den (B)-Raum $(\mathscr{C}_0(\mathfrak{j}, \mathfrak{S}), +, \cdot, |\,|)$ — vgl Satz (2.2.4) — und $\mathscr{C}_0(\mathfrak{i} \times \mathfrak{j}, \mathfrak{S})$ die Menge der auf $\mathfrak{i} \times \mathfrak{j} \subset \mathbb{R}^2$ definierten stetigen $\mathfrak{S}$-wertigen Funktionen. Man zeige, daß die für $y \in \mathscr{C}_0(\mathfrak{i}, \mathfrak{R})$ durch $\eta(x, t) := y(x)(t)$ $((x, t) \in \mathfrak{i} \times \mathfrak{j})$ definierte Abbildung eine Bijektion zwischen $\mathscr{C}_0(\mathfrak{i}, \mathfrak{R})$ und $\mathscr{C}_0(\mathfrak{i} \times \mathfrak{j}, \mathfrak{S})$ liefert.

2.3, 2.4, 2.5

(a) Man bestimme zu

$$f(x, y) = x^2 + y^2 \qquad ((x, y) \in \mathbb{R}^2)$$

und $a = b = 0 \in \mathbb{R}$ Konstanten A, B und N, so daß hiermit sowie mit $\mathfrak{i} = [-A, A]$ und $g(x) = b$ $(x \in \mathfrak{i})$ die Voraussetzungen von Hauptsatz (2.3.1) erfüllt sind. Dabei ist A möglichst groß zu wählen.

(b) Man verfahre entsprechend Aufgabe (a) mit

$$f(x, y_1, y_2) = (y_2 + xy_1^2, y_1 + xy_2^2) \qquad ((x, y_1, y_2) \in \mathbb{R}^3)$$

und $a = 0 \in \mathbb{R}$, $b = (1, 1) \in \mathbb{R}^2$. Dabei wähle man in $\mathfrak{R} = \mathbb{R}^2$ die maximum-Norm.

(c) Man löse die Anfangswertaufgabe

$$y' = 2x(1 + y), \qquad y(0) = 0$$

mit Hilfe des („*Picardschen*“-) Iterationsverfahrens, das sich aus dem Fixpunktsatz (2.1.3) unter Berücksichtigung des Beweises von Hauptsatz (2.3.1) ergibt.

(d) Es seien: $\mathfrak{i}$ kompaktes Intervall in $\mathbb{R}$; $a \in \mathfrak{i}$; $b_1, b_2 \in \mathbb{R}$; $g \in \mathscr{C}_0(\mathfrak{i}, \mathbb{R})$. Man zeige, daß die für $x \in \mathfrak{i}$ durch $y_0(x) = 0$ und

$$y_{n+1}(x) = b_1 + (x - a)\, b_2 + \int_a^x (x - t)\, g(t)\, y_n(t)\, dt \qquad (n \in \mathbb{N}_0)$$

definierte Folge $\{y_n\}_{n=0}^{\infty}$ gleichmäßig gegen die eindeutig bestimmte Lösung $y \in \mathscr{C}_2(\mathfrak{i}, \mathbb{R})$ der Anfangswertaufgabe

$$y'' - g(x)\,y = 0, \qquad y(a) = b_1, \qquad y'(a) = b_2$$

konvergiert. (Dazu transformiere man die Dgl gemäß 2.4 auf ein DglSystem und notiere hierfür das („*Picardsche*"-) Iterationsverfahren; vgl. dazu auch Aufgabe (c).)

(e) Man transformiere das DglSystem

$$y_\kappa^{(n_\kappa)} = f_\kappa(x, y_1, \ldots, y_1^{(n_1-1)}, \ldots, y_\kappa, \ldots, y_\kappa^{(n_\kappa-1)}, \ldots, y_k, \ldots, y_k^{(n_k-1)}),$$

für n_κ-mal stetig differenzierbare Funktionen y_κ mit Werten in (B)-Räumen $\mathfrak{R}_\kappa (\kappa = 1, \ldots, k)$ gemäß 2.4 auf ein DglSystem 1. Ordnung und notiere hierfür die spezielle Formulierung von Hauptsatz (2.3.1).

(f) Man behandle das folgende Anfangswertproblem für eine lineare Integrodifferentialgleichung mit Hilfe von Hauptsatz (2.3.1). Es gelte: $\mathfrak{i}$ kompaktes Intervall $\subset \mathbb{R}$; $a \in \mathfrak{i}$; $\alpha, \beta \in \mathbb{R}$, $\alpha < \beta$; $b \in \mathscr{C}_0([\alpha, \beta], \mathbb{R})$; $k \in \mathscr{C}_0(\mathfrak{i} \times [\alpha, \beta] \times \times [\alpha, \beta], \mathbb{R})$; $h \in \mathscr{C}_0(\mathfrak{i} \times [\alpha, \beta], \mathbb{R})$. Dann existiert genau ein $y \in \mathscr{C}_0(\mathfrak{i} \times [\alpha, \beta], \mathbb{R})$ mit $y(.\,, t) \in \mathscr{C}_1(\mathfrak{i}, \mathbb{R})$ für $t \in [\alpha, \beta]$, so daß $y(a, t) = b(t)$ $(t \in [\alpha, \beta])$ und

$$\frac{\partial y}{\partial x}(x, t) = \int_\alpha^\beta k(x, t, \tau)\, y(x, \tau)\, d\tau + h(x, t) \qquad ((x, t) \in \mathfrak{i} \times [\alpha, \beta])$$

gilt. (Man beachte dazu Aufgabe 2.2 (c).)

(g) Man behandle das folgende „charakteristische" Anfangswertproblem einer speziellen hyperbolischen partiellen Dgl mit Hilfe von Hauptsatz (2.3.1). Es gelte: $\mathfrak{i}$, $\mathfrak{j}$ seien kompakte Intervalle $\subset \mathbb{R}$: $x_0 \in \mathfrak{i}$, $t_0 \in \mathfrak{j}$; $u_0 \in \mathscr{C}_1(\mathfrak{i}, \mathbb{R})$, $v_0 \in \mathscr{C}_1(\mathfrak{j}, \mathbb{R})$, $u_0(x_0) = v_0(t_0)$; es sei $\varphi \in \mathscr{C}_0(\mathfrak{i} \times \mathfrak{j} \times \mathbb{R}, \mathbb{R})$; hierzu existiere ein N_0 $(0 \leqq N_0 < \infty)$, so daß für $(x, t, \eta^1), (x, t, \eta^2) \in \mathfrak{i} \times \mathfrak{j} \times \mathbb{R}$

$$|\varphi(x, t, \eta^1) - \varphi(x, t, \eta^2)| \leqq N_0 |\eta^1 - \eta^2|$$

gilt. Dann existiert genau ein $\eta \in \mathscr{C}_1(\mathfrak{i} \times \mathfrak{j}, \mathbb{R})$ mit $\eta_x(x, .) \in \mathscr{C}_1(\mathfrak{j}, \mathbb{R})$ $(x \in \mathfrak{i})$ und $\eta_t(.\,, t) \in \mathscr{C}_1(\mathfrak{i}, \mathbb{R})$ $(t \in \mathfrak{j})$, so daß gilt

$$\eta(.\,, t_0) = u_0, \qquad \eta(x_0, .) = v_0$$
$$\eta_{xt}(x, t) = \varphi(x, t, \eta(x, t)) \qquad ((x, t) \in \mathfrak{i} \times \mathfrak{j}).$$

(Man wähle z. B. $\mathfrak{R} = \mathscr{C}_0(\mathfrak{j}, \mathbb{R})$, $a = x_0$, $b = v_0'$, definiere $f: \mathfrak{i} \times \mathfrak{R} \to \mathfrak{R}$ für $(x, y) \in \mathfrak{i} \times \mathfrak{R}$ durch

$$f(x, y)(t) := \varphi\left(x, t, u_0(x) + \int_{t_0}^t y(\tau)\, d\tau\right) \qquad (t \in \mathfrak{j})$$

und betrachte das zugehörige Anfangswertproblem.)

2.6 (a) Man gebe eine Abschätzung für die Differenz der Lösungen von

$$y' = \sin(xy), \qquad y(0) = 1$$

und

$$y' = xy, \qquad y(\tfrac{1}{10}) = \tfrac{201}{200}$$

im Intervall $[0, \frac{2}{3}]$.

(b) Man zeige, daß sich die Lösungen von

$$y' = y^2 + y + (1 + x^2), \qquad y(0) = 0$$

und

$$y' = y + 1, \qquad y(0) = 0$$

in $x = \frac{1}{10}$ um weniger als $\frac{1}{1000}$ unterscheiden. (Man verwende (2.6.2) und achte auf eine möglichst scharfe Abschätzung von $|\int_a^x d_1(\tau)\,d\tau|$.)

2.7 (a) Es seien die Voraussetzungen von Abschnitt 2.7 mit $\mathfrak{R} = \mathbb{R}^n$, $\mathfrak{G} = \mathfrak{i} \times \mathbb{R}^n$, $\mathfrak{i}$ offenes Intervall $\subset \mathbb{R}$ erfüllt. Es sei $y \in \mathscr{C}_1((\alpha, \beta), \mathbb{R}^n)$ eine Lösung von $y' = f(x, y)$ mit einem maximalen Existenzintervall gemäß Satz (2.7.6). Man zeige, daß im Fall $\alpha \in \mathfrak{i}$ für $(\alpha, \beta) \ni x \to \alpha$ und im Fall $\beta \in \mathfrak{i}$ für $(\alpha, \beta) \ni x \to \beta$ stets $|y(x)| \to \infty$ im Fall $n = 1$ sogar schärfer $y(x) \to +\infty$ oder $y(x) \to -\infty$ gilt.

(b) Es sei $\mathfrak{i}$ offenes Intervall $\subset \mathbb{R}$, $\mathfrak{G} = \mathfrak{i} \times \mathbb{R}^2$, $(a, b_0, b_1) \in \mathfrak{G}$; φ sei eine stetige Abbildung von $\mathfrak{G}$ in $\mathbb{R}$ und genüge (bezüglich der beiden letzten Variablen) einer „lokalen Lipschitz-Bedingung". Es sei $y \in \mathscr{C}_2((\alpha, \beta), \mathbb{R})$ die Lösung von

$$y'' = \varphi(x, y, y'), \qquad y(a) = b_0, \qquad y'(a) = b_1$$

mit maximalem Existenzintervall gemäß Satz (2.7.6). Man zeige: Ist $\alpha \in \mathfrak{i}$ und y auf $(\alpha, a]$ beschränkt, so existiert der Grenzwert $\lim\limits_{x \to \alpha} y(x) =: c \in \mathbb{R}$. Dabei gilt für $(\alpha, \beta) \ni x \to \alpha$ entweder $y'(x) \to +\infty$ oder $y'(x) \to -\infty$, so daß die Konvergenz $y(x) \to c$ schließlich monoton ist. Entsprechendes gilt für β.

(c) Es seien die generellen Voraussetzungen von 2.7 erfüllt. Für $(a, b) \in \mathfrak{G}$ bezeichne $y_{(a,b)}$ die (eindeutig bestimmte) Lösung von $y' = f(x, y)$, $y(a) = b$ mit maximalem (offenen) Existenzintervall $\mathfrak{i}_{(a,b)}$ gemäß Satz (2.7.6). Man betrachte dann für $\nu = 1, 2$ mit $a_\nu \in \mathbb{R}$

$$\vartheta_\nu := \{b : (a_\nu, b) \in \mathfrak{G},\ a_\mu \in \mathfrak{i}_{(a_\nu, b)}\ (\mu \neq \nu)\}$$

und definiere für $b \in \vartheta_1$

$$\tau(b) := y_{(a_1, b)}(a_2).$$

Man zeige: ϑ_1, ϑ_2 sind offene Teilmengen von $\mathfrak{R}$; $\tau : \vartheta_1 \to \vartheta_2$ ist topologische Abbildung (d. h.: τ ist bijektiv und mitsamt seiner Inversen stetig.)

(d) Es seien die generellen Voraussetzungen von 2.7. mit $\mathfrak{R} = \mathbb{R}$, $\mathfrak{G} = \mathbb{R}^2$ erfüllt. Mit $c_1, c_2 \in \mathbb{R}$ $(c_1 < c_2)$ gelte für $x \in \mathbb{R}$ $f(x, c_1) > 0$, $f(x, c_2) < 0$. Man zeige zunächst: Ist $y \in \mathscr{C}_1((\alpha, \beta), \mathbb{R})$ eine Lösung von $y' = f(x, y)$ mit maximalem Existenzintervall gemäß (2.7.6) und gilt für ein $a \in (\alpha, \beta)$ $y(a) \in [c_1, c_2]$, so folgt $\beta = +\infty$ und $y(x) \in (c_1, c_2)$ für $x \in (a, +\infty)$. Hiermit zeige man unter Verwendung von Aufgabe (c): Zu beliebigen $a_1, a_2 \in \mathbb{R}$, $a_1 < a_2$ existiert eine Lösung $y \in \mathscr{C}_1([a_1, a_2], \mathbb{R})$ der Dgl $y' = f(x, y)$ mit $y(a_1) = y(a_2) \in (c_1, c_2)$.

(e) Man zeige unter Verwendung von Aufgabe (d), daß die Dgl

$$y' = -y^3 - \sin(x)\,y^2 + \cos(x)\,y + 1$$

eine 2π-periodische Lösung $y \in \mathscr{C}_1(\mathbb{R}, \mathbb{R})$ besitzt und daß für diese $|y(x)| < 2$ $(x \in \mathbb{R})$ gilt.

2.8 (a) Man beweise Satz (2.8.5).

(b) Man beweise Satz (2.8.6).

(c) Es seien Ω und Λ beschränkte Gebiete $\subset \mathbb{C}$. $\mathfrak{S}$ sei ein komplexer (B)-Raum. $\mathfrak{R}$ bezeichne den komplexen (B)-Raum $(\mathscr{H}(\Lambda, \mathfrak{S}), +, \cdot, |\,|)$ — vgl. Satz (2.8.6) —. Man zeige, daß die für $y \in \mathscr{H}(\Omega, \mathfrak{R})$ durch

$$\eta(x, t) := y(x)(t) \qquad ((x, t) \in \bar{\Omega} \times \bar{\Lambda})$$

definierte Abbildung eine Bijektion zwischen $\mathscr{H}(\Omega, \mathfrak{R})$ und $\mathscr{H}(\Omega \times \Lambda, \mathfrak{S})$ liefert. Es gilt

$$\frac{\partial \eta}{\partial x}(x, t) = y'(x)(t) \qquad ((x, t) \in \Omega \times \Lambda).$$

2.9, 2.10

(a) Man gebe die Potenzreihe um $a = 0$ der Lösung des Anfangswertproblems

$$(1 - x^2)\, y'' - 2xy' + \nu(\nu + 1)\, y = 0, \qquad y(0) = 1, \qquad y'(0) = 0$$

mit $\nu \in \mathbb{C}$ an. Man bestimme den Konvergenzradius.

(b) Es seien $g, h : \mathbb{C} \to \mathbb{C}$ holomorph. Man zeige, daß jede Lösung von

$$y' = -y^2 - g(x)\, y - h(x)$$

zu einer auf $\mathbb{C}$ meromorphen Funktion fortsetzbar ist; diese besitzt höchstens Pole 1. Ordnung mit dem Residuum 1. (Man transformiere gemäß 1.5.1 auf eine Dgl 2. Ordnung.)

(c) Es sei $f : \mathbb{C}^3 \to \mathbb{C}^3$ mit $k \in \mathbb{R}$ $(0 < k < 1)$ durch

$$f(y_1, y_2, y_3) = (y_2 y_3, -y_3 y_1, -k^2 y_1 y_2)$$

definiert. Man zeige: α) Ist $a \in \mathbb{C}$, $\mathfrak{B}_a = \{z \in \mathbb{C} : |z - a| < \frac{1}{4}\}$, $b \in \mathbb{C}^3$ mit $|b| = \max\limits_{\nu=1}^{3} |b_\nu| \leqq 1$, so existiert genau eine Lösung $y \in \mathscr{H}(\mathfrak{B}_a, \mathbb{C}^3)$ der Dgl $y' = f(y)$ mit $y(a) = b$. β) Ist $\Omega = \{z \in \mathbb{C} : |\mathrm{Im}\, z| < \frac{1}{4}\}$. so existiert genau eine Lösung $y \in \mathscr{H}(\Omega, \mathbb{C}^3)$ der Dgl $y' = f(y)$ mit $y(0) = (0, 1, 1)$. Deren Koordinatenfunktionen (— die offenbar gerade die Jacobischen elliptischen Funktionen sn, cn, dn zum Modul k sind —) erfüllen $y_1(x)^2 + y_2(x)^2 = 1$ und $k^2 y_1(x)^2 + y_3(x)^2 = 1$ $(x \in \Omega)$. (Zum Beweis von β) beachte man, daß die Werte der Lösung y für $x \in \mathbb{R}$ im $\mathbb{R}^3$ liegen und folglich für $x \in \mathbb{R}$ $|y(x)| = \max\limits_{\nu=1}^{3} |y_\nu(x)| \leqq 1$ gilt.)

(d) Man beweise Hilfssatz (2.10.3). (Zur Gewinnung der speziellen Darstellung für f aus den Voraussetzungen (1) und (2) zeige man zunächst, daß die mit festem $(x, y) \in \Omega \times \mathbb{R}$ durch

$$\varphi(\lambda) := f(x, \lambda y) \qquad (\lambda \in \mathbb{C})$$

definierte Funktion ein Polynom höchstens 1. Grades ist. Zum Beweis der Holomorphie von F in Ω verwende man die Cauchysche Integralformel. Zum Nachweis der Voraussetzungen (1) und (2) bei gegebener Darstellung für f benutze man das uniform-boundedness-theorem der Funktionalanalysis.)

(e) Es seien die Voraussetzungen (0), (1), (2) und (3b) von Hauptsatz (2.9.1) erfüllt. Man zeige: Mit der entsprechenden Lösung y gilt für $x \in \bar{\Omega}$

$$|y(x) - g(x)| \leqq \max_{\substack{t \in \bar{\Omega} \\ |t-a| \leqq |x-a|}} \left| b + \int_a^t f(\tau, g(\tau))\, d\tau - g(t) \right| \exp(|x-a|\, N).$$

Ist in der Voraussetzung $B = \infty$ und f mit einem F gemäß Hilfssatz (2.10.3) durch $f(x, y) = F(x)\, y$ $((x, y) \in \bar{\Omega} \times \mathfrak{R})$ gegeben, so gilt für $x \in \bar{\Omega}$

$$|y(x)| \leqq |b| \exp(|x-a| \max_{\substack{t \in \bar{\Omega} \\ |t-a| \leqq |x-a|}} |F(t)|).$$

(Man beachte den Beweis von (2.6.1).)

2.11 (a) Man formuliere und beweise einen dem Satz (2.11.1) entsprechenden Satz über holomorphe Parameterabhängigkeit ohne die Voraussetzung „Λ beschränkt".

(b) Es sei $\mathfrak{S}$ komplexer (B)-Raum; $\mathfrak{A} = \mathfrak{L}(\mathfrak{S}, \mathfrak{S})$ bezeichne die komplexe (B)-Algebra der beschänkten linearen Abbildungen von $\mathfrak{S}$ in sich; $a \in \mathbb{C}$, Ω sei beschränktes Sterngebiet bezüglich a in $\mathbb{C}$, $A := \max_{x \in \bar{\Omega}} |x - a|$; Λ sei ein Gebiet in $\mathbb{C}$; $b: \Lambda \to \mathfrak{S}$ sei holomorph. F sei stetige Abbildung von $\bar{\Omega} \times \Lambda$ in $\mathfrak{A}$ und auf $\Omega \times \Lambda$ komplex-differenzierbar. Man zeige: Es existiert genau eine stetige Abbildung $\eta: \bar{\Omega} \times \Lambda \to \mathfrak{S}$, die auf $\Omega \times \Lambda$ komplex-differenzierbar ist und die Anfangswertaufgabe

$$\eta(a, \lambda) = b(\lambda) \qquad (\lambda \in \Lambda), \qquad \frac{\partial \eta}{\partial x}(x, \lambda) = F(x, \lambda)\, \eta(x, \lambda) \qquad ((x, \lambda) \in \Omega \times \Lambda)$$

erfüllt. Für $(x, \lambda) \in \bar{\Omega} \times \Lambda$ gilt

$$|\eta(x, \lambda)| \leqq |b(\lambda)| \exp(|x-a| \max_{t \in \bar{\Omega}} |F(t, \lambda)|).$$

(c) Es sei: $n \in \mathbb{N}$; $a \in \mathbb{C}$, Ω beschränktes Sterngebiet bezüglich a in $\mathbb{C}$, $A := \max_{x \in \bar{\Omega}} |x - a|$; $b_1, \ldots, b_n \in \mathbb{C}$. Für $\nu = 1, \ldots, n$ seien $k_\nu \in \mathbb{N}_0$, $a_{\nu\kappa} \in \mathscr{H}(\Omega, \mathbb{C})$ $(\kappa = 0, \ldots, k_\nu)$ und hiermit

$$a_\nu(x, \lambda) = \sum_{\kappa=0}^{k_\nu} a_{\nu\kappa}(x)\, \lambda^\kappa \qquad ((x, \lambda) \in \bar{\Omega} \times \mathbb{C}).$$

Man zeige: Es existiert genau eine stetige Funktion $\zeta: \bar{\Omega} \times \mathbb{C} \to \mathbb{C}$, die auf

$\Omega \times \mathbb{C}$ komplex-differenzierbar ist, und die Anfangswertaufgabe

$$\frac{\partial^\nu \zeta}{\partial x^\nu}(a, \lambda) = b_{\nu+1} \qquad (\lambda \in \mathbb{C}) \qquad (\nu = 0, \ldots, n-1)$$

$$\frac{\partial^n \zeta}{\partial x^n}(x, \lambda) + a_1(x, \lambda)\frac{\partial^{n-1}\zeta}{\partial x^{n-1}}(x, \lambda) + \ldots + a_n(x, \lambda)\,\zeta(x, \lambda) = 0 \qquad ((x, \lambda) \in \Omega \times \mathbb{C})$$

erfüllt. Bezeichnet $k := \max\limits_{\nu=1}^{n} \dfrac{k_\nu}{\nu}$, so ist ζ als ganze Funktion bezüglich λ von einer Wachstumsordnung $\leqq k$. (Zur Gewinnung der Ordnungsabschätzung setzt man zweckmäßig $t(\lambda) = \lambda^k$ $(\lambda \in \mathbb{C})$ und transformiert mittels

$$\eta = \left(t^{n-1}\zeta, t^{n-2}\frac{\partial \zeta}{\partial x}, \ldots, t\frac{\partial^{n-2}\zeta}{\partial x^{n-2}}, \frac{\partial^{n-1}\zeta}{\partial x^{n-1}}\right)$$

auf ein DglSystem. Auf dieses kann man in geeigneter Weise Aufgabe (b) anwenden.)

2.12 (a) Es seien die Voraussetzungen (0) und (1) des Peanoschen Existenzsatzes — Satz (2.12.3) — erfüllt. Mit einer stetigen Funktion $\varphi : [0, \infty) \to [0, \infty)$ gelte für $(x, y) \in R$

$$|f(x, y)| \leqq \frac{1}{\varphi(|y - b|)}$$

und

$$\int_0^B \varphi(t)\, dt \geqq A.$$

Man zeige, daß dann ein $y \in \mathscr{C}_1(\mathfrak{i}, \mathfrak{R})$ existiert mit $y(a) = b$ und $(x, y(x)) \in R$ sowie $y'(x) = f(x, y(x))$ für $x \in \mathfrak{i}$. (Man setze für $(x, y) \in \mathfrak{i} \times \mathfrak{R}$

$$f_1(x, y) := \begin{cases} f(x, y) & (|y - b| \leqq B), \\[2ex] f\left(x, b + B\dfrac{y - b}{|y - b|}\right) & (|y - b| > B). \end{cases}$$

Satz (2.12.3) liefert für die entsprechende Anfangswertaufgabe mit f_1 eine Lösung y_1 mit $|y_1(x) - b| \leqq AM$. Zu zeigen ist: $|y_1(x) - b| \leqq B$.)

(b) Es seien: $a \in \mathbb{R}$, $0 < A < \infty$, $\mathfrak{i} := [a, a + A]$; $z_1, z_2 \in \mathscr{C}_0(\mathfrak{i}, \mathbb{R})$ mit $z_1(x) \leqq z_2(x)$ für $x \in \mathfrak{i}$; $S := \{(x, y) : x \in \mathfrak{i},\ z_1(x) \leqq y \leqq z_2(x)\}$; $f : S \to \mathbb{R}$ stetig. Mit den Bezeichnungen aus Abschnitt 2.13. gelte für $x \in \mathfrak{i}$, $x > a$ $D_l z_1(x) \leqq f(x, z_1(x))$ und $D^l z_2(x) \geqq f(x, z_2(x))$. Man zeige, daß für jedes $b \in [z_1(a), z_2(a)]$ ein $y \in \mathscr{C}_1(\mathfrak{i}, \mathbb{R})$ existiert mit $y(a) = b$ und $(x, y(x)) \in S$ sowie $y'(x) = f(x, y(x))$ für $x \in \mathfrak{i}$. (Man setze für $(x, y) \in \mathfrak{i} \times \mathbb{R}$

$$f_1(x, y) = \begin{cases} f(x, z_2(x)) & (z_2(x) < y), \\ f(x, y) & (z_1(x) \leqq y \leqq z_2(x)), \\ f(x, z_1(x)) & (y < z_1(x)) \end{cases}$$

und betrachte zunächst die entsprechende Anfangswertaufgabe mit f_1; weiterhin zeige man: Ist $u \in \mathscr{C}_0(\mathrm{i}, \mathbb{R})$ und gilt für $x \in \mathrm{i}$, $x > a$ $D^l u(x) \geqq 0$, so ist u monoton nicht fallend.)

(c) Es seien: $a \in \mathbb{R}$, $0 < A < \infty$, $\mathrm{i} := [a, a + A]$; $b \in \mathbb{R}$, $0 < B < \infty$, $R := \mathrm{i} \times \{y \in \mathbb{R} : |y - b| \leqq B\}$; $f : R \to \mathbb{R}$ stetig, $M := \max\limits_{z \in R} |f(z)|$; $0 < \delta < \infty$, $A(M + \delta) \leqq B$. Man zeige:

(i) Für alle $\varepsilon \in \mathbb{R}$ mit $|\varepsilon| \leqq \delta$ existiert ein $y_\varepsilon \in \mathscr{C}_1(\mathrm{i}, \mathbb{R})$ mit $y_\varepsilon(a) = b$ und $(x, y_\varepsilon(x)) \in R$ sowie $y'_\varepsilon(x) = f(x, y_\varepsilon(x)) + \varepsilon$ für $x \in \mathrm{i}$.

(ii) Für alle $\varepsilon_1, \varepsilon_2 \in \mathbb{R}$ mit $-\delta \leqq \varepsilon_1 < \varepsilon_2 \leqq \delta$ gilt $y_{\varepsilon_1}(x) < y_{\varepsilon_2}(x)$ für $x \in \mathrm{i}$, $x > a$.

(iii) Es existieren $y_+, y_- \in \mathscr{C}_1(\mathrm{i}, \mathbb{R})$ mit $y_\pm(a) = b$ und $(x, y_\pm(x)) \in R$ sowie $y'_\pm(x) = f(x, y_\pm(x))$ für $x \in \mathrm{i}$, so daß $y_\varepsilon \to y_+$ für $(0, \delta] \ni \varepsilon \to 0$ und $y_\varepsilon \to y_-$ für $[-\delta, 0) \ni \varepsilon \to 0$. Es gilt $y_-(x) \leqq y_0(x) \leqq y_+(x)$ $(x \in \mathrm{i})$. (Zum Beweis von (iii) benutze man Satz (2.12.2).)

2.13 (a) Es sei mit $0 < c < \infty$, $0 \leqq M < \infty$, $-1 < \alpha < \infty$ für $(x, z) \in (0, c] \times \mathbb{R}^+$

$$g(x, z) := \begin{cases} 0 & (z = 0) \\ M x^\alpha z \log\left(\dfrac{1}{z}\right) & \left(0 < z < \dfrac{1}{e}\right) \\ \dfrac{M}{e} x^\alpha & \left(\dfrac{1}{e} \leqq z\right) \end{cases}$$

definiert. Man zeige: $g \in \mathscr{E}_K$.

(b) Es sei mit $0 < c < \infty$ und $1 < \beta < \infty$ für $(x, z) \in (0, c] \times \mathbb{R}^+$

$$g(x, z) := \beta \frac{z}{x}$$

definiert. Man konstruiere eine stetige Funktion $f : [0, c] \times \mathbb{R} \to \mathbb{R}$ mit

$$|f(x, y_1) - f(x, y_2)| \leqq g(x, |y_1 - y_2|) \qquad ((x, y_1), (x, y_2) \in (0, c] \times \mathbb{R}),$$

so daß das zugehörige Anfangswertproblem $y' = f(x, y)$, $y(0) = 0$ in $[0, c]$ mehrere Lösungen hat. (Man bestimme f so ,daß $y_1 = 0$ und $y_2 = x^\beta$ Lösungen werden.)

(c) Es seien $0 < c < \infty$, $\mathfrak{R}$ endlich-dimensionaler (B)-Raum, $b \in \mathfrak{R}$, $0 < B < \infty$, $\mathfrak{D} := [0, c] \times \{y \in \mathfrak{R} : |y - b| \leqq B\}$ und $f : \mathfrak{D} \to \mathfrak{R}$ stetig. f genüge mit einem $g \in \mathscr{E}_W$ bzw. $g \in \mathscr{E}_K$ der Abschätzung (2) von Satz (2.13.1).

Man zeige: Dann definiert

$$g_0(x,z) := \max\{|f(x,y_1) - f(x,y_2)| : |y_\nu - b| \leqq B(\nu = 1,2), |y_1 - y_2| \leqq z\}$$

bzw.

$$g_0(x,z) := \max\{|f(x,y_1) - f(x,y_2)| : |y_\nu - b| \leqq B(\nu = 1,2), |y_1 - y_2| = z\}$$

mit geeigneter Fortsetzung für $z > 2B$ jeweils ein $g_0 \in \mathscr{E}_W$, das sogar stetig ist, bzw. $g_0 \in \mathscr{E}_K$ (mit wesentlicher Verschärfung von (γ)).

Aufgaben zu Abschnitt 3

3.3 (a) Man gebe einen Beweis von Satz (3.3.2), indem man zeige, daß für jede Lösung $Y \in \mathscr{C}_1(\mathfrak{i}, \mathfrak{A})$ von (3.3.1) $\mathfrak{M} := \{x \in \mathfrak{i}: Y(x) \in \mathfrak{J}(\mathfrak{A})\}$ eine in $\mathfrak{i}$ offene und zugleich abgeschlossene Menge ist und folglich $\mathfrak{M} = \mathfrak{i}$ oder $\mathfrak{M} = \emptyset$ gilt. (Beim Beweis der Abgeschlossenheit von $\mathfrak{M}$ stelle man mit einer geeigneten Lösung $Z \in \mathscr{C}_1(\mathfrak{i}, \mathfrak{A})$ von (3.3.1) und einem $C \in \mathfrak{A}$ $Y(x) = Z(x)C$ dar.)

(b) Es seien die Annahmen von 3.3 gegeben. Man zeige, daß für jede Lösung $Y \in \mathscr{C}_1(\mathfrak{i}, \mathfrak{A})$ von (3.3.1) und jedes $a \in \mathfrak{i}$

$$|Y(x) - Y(a)| \leqq |Y(a)| \left(\exp\left(\left| \int_a^x |F(t)|\,dt \right| \right) - 1 \right) \qquad (x \in \mathfrak{i})$$

gilt. (Man benutze (1.3.9).)

(c) Mit $n \in \mathbb{N}$ bezeichne $\mathfrak{R} = \mathbb{C}^n$ und $\mathfrak{A} = \mathfrak{L}(\mathfrak{R}, \mathfrak{R})$. Es sei $F \in \mathscr{C}_0(\mathbb{R}^+, \mathfrak{A})$ mit

$$\limsup_{x \to +\infty} \operatorname{Re} \int_0^x \operatorname{spur} F(t)\,dt > -\infty .$$

Für eine Fundamentallösung $Y \in \mathscr{C}_1(\mathbb{R}^+, \mathfrak{A})$ von $Y' = F(x)Y$ gelte $|Y(x)| \leqq \gamma < \infty$ $(x \in \mathbb{R}^+)$. Man zeige, daß jede Lösung $y \in \mathscr{C}_1(\mathbb{R}^+, \mathfrak{R})$ von $y' = F(x)y$ mit $y(x) \to 0$ $(x \to \infty)$ die triviale Lösung $y = 0$ ist.

(d) Es seien: $\mathfrak{i}$ Intervall in $\mathbb{R}$; $f, g, h \in \mathscr{C}_0(\mathfrak{i}, \mathbb{C})$; $y_{\nu\mu} \in \mathscr{C}_1(\mathfrak{i}, \mathbb{C})$ $(\nu, \mu \in \{1,2\})$. Hiermit bezeichne für $x \in \mathfrak{i}$

$$F(x) := \begin{pmatrix} f(x) & \dfrac{g(x)}{2} \\ \dfrac{g(x)}{2} & h(x) \end{pmatrix}, \qquad P := \begin{pmatrix} 0 & -1 \\ 1 & 0 \end{pmatrix}, \qquad Y(x) := \begin{pmatrix} y_{11}(x) & y_{12}(x) \\ y_{21}(x) & y_{22}(x) \end{pmatrix}.$$

Y sei eine Fundamentallösung von $PY' = F(x)Y$. Man zeige, daß für jede auf einem Intervall $\mathfrak{i}_0 \subset \mathfrak{i}$ definierte Funktion $y: \mathfrak{i}_0 \to \mathbb{C}$ gilt: y ist genau dann Lösung der Riccatischen Dgl

$$y' = f(x)y^2 + g(x)y + h(x),$$

wenn $(\lambda_1, \lambda_2) \in \mathbb{C}^2$ existieren, so daß

$$\lambda_1 y_{21}(x) + \lambda_2 y_{22}(x) \neq 0 \qquad (x \in \mathfrak{i}_0)$$

ist und

$$y(x) = \frac{\lambda_1 y_{11}(x) + \lambda_2 y_{12}(x)}{\lambda_1 y_{21}(x) + \lambda_2 y_{22}(x)} \qquad (x \in \mathrm{i}_0)$$

gilt. (Man zeige, daß $Y(x)^t P Y(x)$ auf i konstant ist; dabei bezeichnet $Y(x)^t$ die transponierte Matrix.)

3.4, 3.5, 3.6

(a) Für $x \in \mathrm{i} := (0, +\infty)$ sei

$$F(x) := \begin{pmatrix} 1 + \frac{1}{x} - x\exp(x) & -\exp(x) & x\exp(x) \\ -1 & x - \frac{1}{x} & 1 - \exp(-x) \\ -x\exp(x) & (x + x^2)\exp(x) & x(\exp(x) - 1) \end{pmatrix}.$$

Man bestimme ein Fundamentalsystem des DglSystems $y' = F(x)y$. (Die Lösung $y(x) := (\exp(x), 1/x, \exp(x))$ dieses DglSystems ist unmittelbar abzulesen.)

(b) Für $x \in \mathrm{i} := (0, +\infty)$ seien

$$F(x) := \begin{pmatrix} -x^2 & 1 \\ 2x - x^4 - \frac{x}{\log(x)} & x^2 + \frac{1}{x\log(x)} \end{pmatrix},$$

$$g(x) := \begin{pmatrix} \frac{1}{x}\log(x) \\ x\log(x) + \frac{1}{x^2}\log(x) \end{pmatrix}.$$

Man bestimme alle Lösungen von $y' = F(x)y + g(x)$. (Die Lösung $y(x) := (1, x^2)$ des entsprechenden homogenen DglSystems ist unmittelbar abzulesen.)

(c) Man bestimme alle Lösungen von

$$y'' - \left(1 + \frac{5}{x}\right)y' + \frac{2}{x}y + 8 = 0.$$

(Eine Lösung der entsprechenden homogenen Dgl ist ein Polynom.)

3.7 (a) Es sei $\mathfrak{A}$ eine (B)-Algebra über $\mathbb{C}$ mit Einselement E, $A \in \mathfrak{A}$ und $r := \limsup_{n\to\infty} |A^n|^{1/n}$. Man zeige: Ist $r < \rho < \infty$ und bezeichnet $\mathfrak{c}$ die durch $[0, 1] \ni \tau \mapsto \rho\exp(2\pi i\tau)$ gegebene stetige rektifizierbare Kurve, so gilt für $x \in \mathbb{C}$

$$\exp(xA) = \frac{1}{2\pi i}\oint_{\mathfrak{c}} \exp(tx)\,(tE - A)^{-1}\,dt.$$

(Man entwickle den Integranden in eine Laurentreihe um $t_0 = \infty$; vgl. 2.8.)
(b) Es sei für $x \in \mathbb{R}$

$$F(x) = \begin{pmatrix} 4 + 2x + 3x^2 & 4 + 8x \\ -1 - 2x & -6x + 3x^2 \end{pmatrix}.$$

Man bestimme mit Hilfe von Satz (3.7.9) die Fundamentalmatrix von $Y' = F(x)\,Y$ mit $Y(0) = E$. Man gebe die Matrixelemente von $Y(x)$ explizit an (vgl. auch Satz (3.8.4)).

3.8, 3.9
(a) Man bestimme alle Lösungen von

$$y' = \begin{pmatrix} 0 & 1 & 0 \\ 4 & 3 & -4 \\ 1 & 2 & -1 \end{pmatrix} y + \exp(x) \begin{pmatrix} 1 + x^2 \\ 8 + 4x \\ 4 + x + x^2 \end{pmatrix}.$$

(b) Man bestimme ein reelles Fundamentalsystem von

$$y' = \begin{pmatrix} 4 & 5 & 8 \\ -1 & -5 & -7 \\ -2 & 1 & 0 \end{pmatrix} y.$$

(c) Man bestimme alle Lösungen von

$$y' = \begin{pmatrix} 2i & i \\ 2 & 2 \end{pmatrix} y + \exp(x)\cos(x) \begin{pmatrix} 0 \\ 2 \end{pmatrix} + x \begin{pmatrix} 1 \\ 0 \end{pmatrix}.$$

(d) Es sei $\mathfrak{A}$ eine (B)-Algebra über $\mathbb{C}$ mit Einselement E, $A \in \mathfrak{A}$ und $\alpha \in \mathbb{R}$. Es gelte

$$\{t \in \mathbb{C} : \operatorname{Re} t \geqq \alpha\} \subset \{t \in \mathbb{C} : (tE - A) \in \mathfrak{J}(\mathfrak{A})\}.$$

Man zeige, daß sich jede Fundamentallösung $Y \in \mathscr{C}_1(\mathbb{R}, \mathfrak{A})$ von $Y' = AY$ mit einer Konstanten K $(0 < K < \infty)$ für $x \in \mathbb{R}$, $x \geqq 0$

$$|Y(x)| \leqq K \exp(\alpha x)$$

abschätzen läßt. (Man deformiere die stetige rektifizierbare Kurve $\mathfrak{c}$ in Aufgabe 3.7 (a) geeignet; man verwende Satz (2.8.2) und (2.8.1).)

3.10 (a) Man bestimme alle Lösungen von

$$y^{(6)} - 3y^{(4)} - 3y^{(2)} + y = (1 - x)\exp(x).$$

(b) Es sei $\omega \in \mathbb{R}$. Man bestimme eine spezielle (reelle) Lösung von

$$y^{(4)} - 4y^{(3)} + 6y^{(2)} - 4y^{(1)} + (1 - \omega^4)\,y = \cos(\omega x)\exp(x)$$

und ein reelles Fundamentalsystem der entsprechenden homogenen Dgl.

3.11 (a) Es sei $\mathfrak{R}$ (B)-Raum über $\mathbb{K}$ $(= \mathbb{R}$ oder $= \mathbb{C})$ und $\mathfrak{A} = \mathfrak{L}(\mathfrak{R}, \mathfrak{R})$. Weiterhin sei $F \in \mathscr{C}_0(\mathbb{R}, \mathfrak{A})$ mit (3.11.1) und $Y \in \mathscr{C}_1(\mathbb{R}, \mathfrak{A})$ eine Fundamentallösung von (3.11.2) mit der Periodizitätsmatrix B_Y. Man zeige: Ist $B_Y - E \in \mathfrak{J}(\mathfrak{A})$, so existiert zu jedem $g \in \mathscr{C}_0(\mathbb{R}, \mathfrak{R})$ mit $g(x+1) = g(x)$ $(x \in \mathbb{R})$ genau eine Lösung $y \in \mathscr{C}_1(\mathbb{R}, \mathfrak{R})$ von $y' = F(x)y + g(x)$ mit $y(x+1) = y(x)$ $(x \in \mathbb{R})$.

(b) Es sei $g \in \mathscr{C}_0(\mathbb{R}, \mathbb{C})$ mit $g(x+1) = g(x)$ und $g(x) = g(-x)$ für $x \in \mathbb{R}$. Es bezeichne $\eta_1, \eta_2 \in \mathscr{C}_1(\mathbb{R}, \mathbb{C})$ das Fundamentalsystem der (geraden) Hillschen Dgl $\eta'' - g(x)\eta = 0$ mit $\eta_1(0) = \eta_2'(0) = 1$ und $\eta_1'(0) = \eta_2(0) = 0$. Man beweise

$$\eta_1(1) = \eta_2'(1) = 1 + 2\eta_1'(\tfrac{1}{2})\,\eta_2(\tfrac{1}{2}) = -1 + 2\eta_1(\tfrac{1}{2})\,\eta_2'(\tfrac{1}{2}),$$

$$\eta_1'(1) = 2\eta_1(\tfrac{1}{2})\,\eta_1'(\tfrac{1}{2}), \qquad \eta_2(1) = 2\eta_2(\tfrac{1}{2})\,\eta_2'(\tfrac{1}{2}).$$

(Man setze

$$Y(x) := \begin{pmatrix} \eta_1(x) & \eta_2(x) \\ \eta_1'(x) & \eta_2'(x) \end{pmatrix}, \qquad F(x) := \begin{pmatrix} 0 & 1 \\ g(x) & 0 \end{pmatrix}, \qquad Q := \begin{pmatrix} 1 & 0 \\ 0 & -1 \end{pmatrix}$$

und zeige hiermit über $Y' = F(x)Y$ zunächst für $x \in \mathbb{R}$ $\det Y(x) = 1$, $Y(x+1) = Y(x)\,Y(1)$, $QY(-x) = Y(x)\,Q$. Hieraus folgt für die zugehörige Periodizitätsmatrix $B_Y = Y(1) = QY(\tfrac{1}{2})^{-1}\,QY(\tfrac{1}{2})$.)

(c) Es sei $\mathfrak{A}$ (B)-Algebra über $\mathbb{K}$ $(= \mathbb{R}$ oder $= \mathbb{C})$ mit Einselement E. Weiterhin sei $F \in \mathscr{C}_0(\mathbb{R}, \mathfrak{A})$ mit (3.11.1) und $\int_0^1 |F(t)|\,dt < \log(4)$. Man zeige: Es existiert ein $H \in \mathscr{C}_1(\mathbb{R}, \mathfrak{A})$ mit $H(x+1) = H(x)$ $(x \in \mathbb{R})$ und ein $L \in \mathfrak{A}$, so daß $Y(x) = H(x)\exp(xL)$ $(x \in \mathbb{R})$ eine Fundamentallösung zu (3.11.2) definiert. (Man gehe von der Fundamentallösung Y von (3.11.2) mit $Y(0) = E$ aus. Man zeige zunächst unter Benutzung von Aufgabe 3.3 (b), daß ein $\xi \in (0, 1)$ existiert, mit dem $|Y(\xi) - E| < 1$ und $|Y(\xi - 1) - E| < 1$ gilt. Man weise dann unter Benutzung von (3.7.12) nach, daß für die entsprechende Periodizitätsmatrix $B_Y = Y(\xi - 1)^{-1}\,Y(\xi)$ mit einem $L \in \mathfrak{A}$ die Darstellung $B_Y = \exp(L)$ gilt.)

Aufgaben zu Abschnitt 4

4.3 (a) Es seien die Voraussetzungen von 4.3 gegeben. Man zeige, daß zwei Fundamentallösungsfunktionselemente von (4.3.1), die analytische Fortsetzungen voneinander sind, die gleiche Umlaufsgruppe besitzen.

4.5 (a) Es seien die Annahmen von 4.5 mit $\mathfrak{R} = \mathbb{C}^n$ und $\mathfrak{A} = \mathfrak{L}(\mathfrak{R}, \mathfrak{R})$ gegeben. 0 sei eine isolierte Singularität der Dgl (4.5.2) und als solche eine singuläre Stelle der Bestimmtheit. Man zeige, daß dann 0 keine wesentliche Singularität von F sein kann.

(b) Es seien die Annahmen von 4.5 mit $\mathfrak{R} = \mathbb{C}^n$ und $\mathfrak{A} = \mathfrak{L}(\mathfrak{R}, \mathfrak{R})$ gegeben. 0 sei eine einfache Singularität der Dgl (4.5.2). Man zeige mit Hilfe von 4.4 und (4.5.4), daß dann 0 eine singuläre Stelle der Bestimmtheit ist.

(c) Man zeige an einem Beispiel, daß in Aufgabe (a) im Fall $n \geqq 2$ nicht notwendig eine einfache Singularität vorliegt. Damit ist die Aussage von Aufgabe (b) nicht umkehrbar. (Vgl. jedoch für Dgln n-ter Ordnung Satz (4.8.12).)

4.6 (a) Neben den generellen Voraussetzungen von 4.6 seien $\nu \in \mathbb{C}$ und $c \in \mathfrak{R}$ mit $Rc = \nu c$ gegeben. Für alle $n \in \mathbb{N}$ gelte $((n + \nu)E - R) \in \mathfrak{J}(\mathfrak{A})$. Man zeige: Es gibt genau ein $h \in \mathscr{H}(\Omega_0, \mathfrak{R})$ mit $h(0) = c$, so daß die durch $y(x) = x^\nu h(x)$ gegebenen Funktionselemente Lösungen von $y' = F(x)y$ sind.

(b) Es seien die Voraussetzungen (4.6.1), (4.6.2) und (4.6.3) gegeben. Weiterhin sei $n \in \mathbb{N}$ mit $n > |R|$ und $g \in \mathscr{H}(\Omega_0, \mathfrak{R})$. Hiermit sei $T: \mathscr{H}(\Omega_0, \mathfrak{R}) \to \mathscr{H}(\Omega_0, \mathfrak{R})$ durch

$$(Th)(x) = \frac{1}{x^n} \int_0^x \left(F(t)\, t^n h(t) + t^{n-1} g(t)\right) dt \qquad (x \in \bar{\Omega}_0)$$

definiert. Man zeige, daß

$$\sum_{\kappa=0}^{\infty} \|T^\kappa\| \leqq \frac{n}{n - |R|} \exp(\rho |G|)$$

gilt. Hiermit gewinne man unter Verwendung von Satz (2.1.3) für den eindeutig bestimmten Fixpunkt $h = Th \in \mathscr{H}(\Omega_0, \mathfrak{R})$ die Abschätzung

$$|h| \leqq \frac{1}{n - |R|} \exp(\rho |G|)\, |g|.$$

(Vgl. Aufgabe 2.1 (a).)

(c) Es seien die Voraussetzungen und Bezeichnungen von Hilfssatz (4.6.6) gegeben. Man zeige:

$$|g_n| \leqq |c|\, |G| \prod_{m=1}^{n-1} \left(\frac{3}{\rho} + |G|\, |(mE - R)^{-1}|\right),$$

$$|p_{n-1}| \leqq |c| + \sum_{m=1}^{n-1} \rho^m |(mE - R)^{-1}|\, |g_m|.$$

Hiermit gewinne man zusammen mit Aufgabe (b) eine Abschätzung für die Lösung y von Satz (4.6.4).

(d) Es seien $\mathfrak{R}$, $\mathfrak{A}$, Ω, Ω_0 und R wie in 4.6 gegeben. Bezüglich R seien mit einem $c \in \mathfrak{R}$ die Voraussetzungen von Satz (4.6.4) erfüllt. Schließlich sei $k \in \mathbb{N}_0$ und für $\kappa = 0, 1, \ldots, k$ seien $G_\kappa \in \mathscr{H}(\Omega_0, \mathfrak{A})$. Man zeige: Dann existiert genau eine in $\bar{\Omega}_0 \times \mathbb{C}$ definierte stetige $\mathfrak{R}$-wertige Funktion y, die in $\Omega_0 \times \mathbb{C}$ komplex-differenzierbar ist und $y(0, \lambda) = c$ $(\lambda \in \mathbb{C})$ sowie

$$\frac{\partial y}{\partial x}(x, \lambda) = \left(\frac{1}{x} R + \sum_{\kappa=0}^{k} \lambda^\kappa G_\kappa(x)\right) y(x, \lambda) \qquad ((x, \lambda) \in \Omega \times \mathbb{C})$$

erfüllt. y ist als ganze Funktion bezüglich λ von einer Wachstumsordnung $\leqq k$. (Man modifiziere die Beweise der Hilfssätze (4.6.4) und (4.6.5). Zur Gewinnung der Aussage über die Wachstumsordnung verwende man die Aufgaben (b) und (c).)

4.7 (a) Es seien

$$R = \tfrac{1}{2} \begin{pmatrix} -2 & 3 & 0 \\ -6 & 7 & 0 \\ 0 & 0 & 2 \end{pmatrix}, \qquad G = (g_{\nu\mu})_{(3,3)}$$

mit $g_{\nu\mu} = \in \mathbb{C}$ $(\nu, \mu = 1, 2, 3)$ gegeben. Man betrachte $Y' = \left(\frac{1}{x} R + G\right) Y$ und reduziere gemäß Satz (4.7.11). Man bestimme insbesondere S und $\tilde{R}$. Man lese hieraus ab, daß genau im Fall $g_{23} = g_{13}\tilde{R}$ eine Basis aus Eigenvektoren und die Dgl folglich ein Fundamentalsystem Floquetscher Lösungen besitzt.

(b) Es seien: Ω_0 beschränkte offene Kreisscheibe um 0, $\Omega = \Omega_0 \setminus \{0\}$, $n \in \mathbb{N}$, $\varphi_{\nu\mu} \in \mathscr{H}(\Omega_0, \mathbb{C})$ $(\nu, \mu = 1, \ldots, n)$, $s_\nu \in \{0, 1\}$ $(\nu = 1, \ldots, n)$ und $s = \sum_{\nu=1}^{n} s_\nu$. Man zeige, daß das DglSystem

$$x^{s_\nu}\eta'_\nu = \sum_{\mu=1}^{n} \varphi_{\nu\mu}(x)\,\eta_\mu \qquad (\nu = 1, \ldots, n)$$

mindestens $n - s$ linear unabhängige in 0 holomorphe Lösungen besitzt. (Man beachte Hilfssatz (4.7.9) bzw. (4.7.10).)

4.8 (a) Man bestimme und diskutiere die isolierten Singularitäten in $\mathbb{C} \cup \{\infty\}$ der (*konfluenten hypergeometrischen*) Dgl

$$xy'' + (c - x)\,y' - ay = 0$$

mit den Parametern a, $c \in \mathbb{C}$. Man bestimme gegebenenfalls die Indizes.

(b) Man bestimme und diskutiere die isolierten Singularitäten in $\mathbb{C} \cup \{\infty\}$ der (*Sphäroid-*) Dgl

$$((1 - x^2)\,y')' + \left(\lambda + \gamma^2(1 - x^2) - \frac{\mu^2}{1 - x^2}\right)y = 0$$

mit den Parametern λ, γ, $\mu \in \mathbb{C}$. Man bestimme gegebenenfalls die Indizes.

(c) Man betrachte die Dgl

$$x^2y'' - (2\nu + x)\,xy' + (\nu(\nu + 1) + \lambda x)\,y = 0$$

mit den Parametern ν, $\lambda \in \mathbb{C}$. Man zeige, daß 0 höchstens einfache Singularität ist. Man bestimme die entsprechenden Indizes und gebe an, wann genau ein logarithmusfreies Fundamentalsystem existiert.

4.10 (a) Man zeige, daß die (*Legendresche*) Dgl

$$((1 - x^2)\,y')' + \left(\nu(\nu + 1) - \frac{\mu^2}{1 - x^2}\right)y = 0$$

mit den Parametern ν, $\mu \in \mathbb{C}$ eine Fuchssche Dgl mit höchstens 3 isolierten Singularitäten ist. Man notiere das zugehörige Riemannsche P-Symbol. Durch Transformation auf die hypergeometrische Dgl gebe man jeweils im Falle nichtganzzahliger Indexdifferenz eine Darstellung der Fundamentalsysteme um alle singulären Stellen mit Hilfe der hypergeometrischen Reihe.

(b) Es seien $a, b, c \in \mathbb{C}$, $c \neq 0, -1, \ldots$. Man zeige, daß im Fall $\operatorname{Re}(c - a - b) \geqq 0$ für $z \in \mathbb{C}$, $|z| < 1$ der Grenzwert $\lim_{z \to 1} F(a, b; c; z) \in \mathbb{C}$ existiert.

(c) Es sei $\omega \in \mathbb{C} \setminus \{0, 1\}$. Man betrachte die (*Heunsche*) Dgl

$$y'' + \left(\frac{c}{x} + \frac{d}{x - 1} + \frac{1 + a + b - c - d}{x - \omega}\right)y' + \frac{abx + p}{x(x - 1)(x - \omega)}\,y = 0$$

mit den Parametern $a, b, c, d, p \in \mathbb{C}$. Man zeige, daß dies eine Fuchssche Dgl mit (höchstens) 4 isolierten Singularitäten ist, und bestimme die entsprechenden Indizes. Man zeige, daß stets eine in 0 holomorphe Lösung existiert. Man entwickle diese in eine Potenzreihe und leite für deren Entwicklungskoeffizienten eine 3-gliedrige Rekursion her.

Literaturverzeichnis

[1] Coddington, E. A. and N. Levinson: Theory of Ordinary Differential Equations; MacGraw-Hill, New York (1955), S. 6 ff.

[2] Schauder, J.: Der Fixpunktsatz in Funktionalräumen; Studia Math. 2, (1930), S. 171–180.

[3] Walter, W.: Eindeutigkeitssätze für gewöhnliche, parabolische und hyperbolische Differentialgleichungen; Math. Zeitschrift 74, (1960), S. 191–208.

[4] Kamke, E.: Differentialgleichungen reeller Funktionen; 2. Auflage, Leipzig 1945, S. 139.

[5] Nagumo, M.: Eine hinreichende Bedingung für die Unität der Lösung von Differentialgleichungen erster Ordnung; Japan. J. Math. 3, (1926), S. 107–112.

[6] Rosenblatt, A.: Über die Existenz von Integralen gewöhnlicher Differentialgleichungen; Ark. Mat. Astr. Fys. 5 Nr. 2 (1909).

[7] Osgood, W. F.: Beweis der Existenz einer Lösung der Differentialgleichung $\frac{dy}{dx} = f(x, y)$ ohne Hinzunahme der Cauchy-Lipschitzschen Bedingung; Monatshefte Math. Phys. 9, (1898), S. 331–345.

[8] Hille, E.: Lectures on Ordinary Differential Equations; Addison-Wesley Publ. Comp., Reading, Mass. (1969) S. 130ff.

Abkürzungen, Bezeichnungen

Dgl	Differentialgleichung
DglSystem	Differentialgleichungssystem
o. B. d. A.	ohne Beschränkung der Allgemeinheit
$\wedge$	und
$\Rightarrow$	folgt (impliziert)
$\Leftrightarrow$	genau dann, wenn
$\forall$	für alle
$\exists$	es gibt
$\in$, bzw. $\notin$	Element von, bzw. kein Element von
$\subset$	Inklusion (Teilmenge von)
$\cap$	Durchschnitt
$\cup$	Vereinigung
$\mathfrak{M}_1 \setminus \mathfrak{M}_2$	Komplement von $\mathfrak{M}_2$ in $\mathfrak{M}_1$
$\emptyset$	leere Menge
$\mathfrak{M}_1 \times \mathfrak{M}_2 \times \ldots \times \mathfrak{M}_n$	kartesisches Produkt der Mengen $\mathfrak{M}_1, \ldots, \mathfrak{M}_n$
$\mathfrak{M}^n$	n-faches kartesisches Produkt der Menge $\mathfrak{M}$
$\mathfrak{D}_f (\subset \mathfrak{M}_1)$ bzw. $\mathfrak{R}_f (\subset \mathfrak{M}_2)$	Definitionsbereich bzw. Bildbereich der Abbildung (Funktion) f aus $\mathfrak{M}_1$ in $\mathfrak{M}_2$
$f : \mathfrak{M}_1 \to \mathfrak{M}_2$	Abbildung (Funktion) von $\mathfrak{M}_1 (\mathfrak{D}_f = \mathfrak{M}_1)$ in $\mathfrak{M}_2$
$f : \mathfrak{M}_1 \twoheadrightarrow \mathfrak{M}_2$	Abbildung (Funktion) von $\mathfrak{M}_1 (\mathfrak{D}_f = \mathfrak{M}_1)$ auf $\mathfrak{M}_2 (\mathfrak{R}_f = \mathfrak{M}_2)$
$f \circ g$	Komposition der Abbildungen (Funktionen) f und g
$f(\mathfrak{M})$	Bild der Menge $\mathfrak{M}$ unter f
$f^{-1}(\mathfrak{M})$	Urbild der Menge $\mathfrak{M}$ unter f
$f^{-1}(y)$	Urbild des Punktes y unter f
$f\vert_{\mathfrak{M}}$	Einschränkung von f auf $\mathfrak{M}$
$\mathrm{id}_{\mathfrak{M}}$	identische Abbildung von $\mathfrak{M}$ auf sich
$\bar{\mathfrak{M}}$	abgeschlossene Hülle von $\mathfrak{M}$
$\mathring{\mathfrak{M}}$	das Innere von $\mathfrak{M}$
$\mathbb{N}$	natürliche Zahlen
$\mathbb{N}_0$	$\mathbb{N} \cup \{0\}$
$\mathbb{Z}$	ganze Zahlen
$\mathbb{R}$	reelle Zahlen
$\mathbb{R}^+$	nicht-negative reelle Zahlen
$\mathbb{C}$	komplexe Zahlen

$\mathbb{K}$	Körper der reellen oder komplexen Zahlen
$[\alpha, \beta] = [\beta, \alpha]$, $[\alpha, \beta) = (\beta, \alpha]$, $(\alpha, \beta) = (\beta, \alpha)$	Intervalle in $\mathbb{R}$
min, max	minimum, maximum
inf, sup	infimum, supremum
lim, liminf, limsup	limes, limes inferior, limes superior
$\frac{dy}{dx}, y'$	Ableitung von y
$\frac{\partial y}{\partial x}$	partielle Ableitung von y nach x
$\mathscr{C}_0(\mathfrak{M}, \mathfrak{R})$	Menge der auf $\mathfrak{M}$ definierten stetigen $\mathfrak{R}$-wertigen Funktionen
$\mathscr{C}_n(\mathfrak{M}, \mathfrak{R})$	Menge der auf $\mathfrak{M}$ definierten n-mal stetig differenzierbaren $\mathfrak{R}$-wertigen Funktionen
$\mathscr{H}(\Omega, \mathfrak{R})$	Menge der auf $\bar{\Omega}$ definierten stetigen und in Ω holomorphen $\mathfrak{R}$-wertigen Funktionen
$\mathfrak{L}(\mathfrak{R}, \mathfrak{S})$	Menge der linearen beschränkten Abbildungen von $\mathfrak{R}$ in $\mathfrak{S}$
$\mathfrak{J}(\mathfrak{A})$	Menge der invertierbaren Elemente von $\mathfrak{A}$
$e_1, \ldots, e_n$	kanonische Basis von $\mathbb{K}^n$
det	Determinante
spur	Spur
rg	Rang
mod	modulo
Re bzw. Im	Real- bzw. Imaginärteil
$\mathcal{O}$ bzw. o	Landausche Symbole

Namen- und Sachverzeichnis

Heidelberger Taschenbücher

Mathematik — Physik — Chemie — Technik — Wirtschaftswissenschaften

1 M. Born: Die Relativitätstheorie Einsteins. 5. Auflage. DM 10,80
2 K. H. Hellwege: Einführung in die Physik der Atome. 3. Auflage. DM 8,80
6 S. Flügge: Rechenmethoden der Quantentheorie. 3. Auflage. DM 10,80
7/8 G. Falk: Theoretische Physik I und Ia auf der Grundlage einer allgemeinen Dynamik.
Band 7: Elementare Punktmechanik (I). DM 8,80
Band 8: Aufgaben und Ergänzungen zur Punktmechanik (Ia). DM 8,80
9 K. W. Ford: Die Welt der Elementarteilchen. DM 10,80
10 R. Becker: Theorie der Wärme. DM 10,80
11 P. Stoll: Experimentelle Methoden der Kernphysik. DM 10,80
12 B. L. van der Waerden: Algebra I. 8. Auflage der Modernen Algebra. DM 10,80
13 H. S. Green: Quantenmechanik in algebraischer Darstellung. DM 8,80
14 A. Stobbe: Volkswirtschaftliches Rechnungswesen. 3. Auflage. DM 14,80
15 L. Collatz/W. Wetterling: Optimierungsaufgaben. 2. Auflage. DM 14,80
16/17 A. Unsöld: Der neue Kosmos. DM 18,—
19 A. Sommerfeld/H. Bethe: Elektronentheorie der Metalle. DM 10,80
20 K. Marguerre: Technische Mechanik. I. Teil: Statik. DM 10,80
21 K. Marguerre: Technische Mechanik. II. Teil: Elastostatik. DM 10,80
22 K. Marguerre: Technische Mechanik. III. Teil: Kinetik. DM 12,80
23 B. L. van der Waerden: Algebra II. 5. Auflage der Modernen Algebra. DM 14,80
26 H. Grauert/I. Lieb: Differential- und Integralrechnung I. 2. Auflage. DM 12,80
27/28 G. Falk: Theoretische Physik II und IIa.
Band 27: Allgemeine Dynamik. Thermodynamik (II). DM 14,80
Band 28: Aufgaben und Ergänzungen zur Allgemeinen Dynamik und Thermodynamik (IIa). DM 12,80
30 R. Courant/D. Hilbert: Methoden der mathematischen Physik I. 3. Auflage. DM 16,80
31 R. Courant/D. Hilbert: Methoden der mathematischen Physik II. 2. Auflage. DM 16,80
33 K. H. Hellwege: Einführung in die Festkörperphysik I. DM 9,80
34 K. H. Hellwege: Einführung in die Festkörperphysik II. DM 12,80
36 H. Grauert/W. Fischer: Differential- und Integralrechnung II. DM 12,80
37 V. Aschoff: Einführung in die Nachrichtenübertragungstechnik. DM 11,80
38 R. Henn/H. P. Künzi: Einführung in die Unternehmensforschung I. DM 10,80
39 R. Henn/H. P. Künzi: Einführung in die Unternehmensforschung II. DM 12,80
40 M. Neumann: Kapitalbildung, Wettbewerb und ökonomisches Wachstum. DM 9,80
43 H. Grauert/I. Lieb: Differential- und Integralrechnung III. DM 12,80
44 J. H. Wilkinson: Rundungsfehler. DM 14,80
49 Selecta Mathematica I. Verf. und hrsg. von K. Jacobs. DM 10,80
50 H. Rademacher/O. Toeplitz: Von Zahlen und Figuren. DM 8,80
51 E. B. Dynkin/A. A. Juschkewitsch: Sätze und Aufgaben über Markoffsche Prozesse. DM 14,80
52 H. M. Rauen: Chemie für Mediziner — Übungsfragen. DM 7,80
53 H. M. Rauen: Biochemie — Übungsfragen. DM 9,80
55 H. N. Christensen: Elektrolytstoffwechsel. DM 12,80
56 M. J. Beckmann/H. P. Künzi: Mathematik für Ökonomen I. DM 12,80
59/60 C. Streffer: Strahlen-Biochemie. DM 14,80
63 Z. G. Szabó: Anorganische Chemie. DM 14,80
64 F. Rehbock: Darstellende Geometrie. 3. Auflage. DM 12,80
65 H. Schubert: Kategorien I. DM 12,80
66 H. Schubert: Kategorien II. DM 10,80

67 Selecta Mathematica II. Hrsg. von K. Jacobs. DM 12,80
71 O. Madelung: Grundlagen der Halbleiterphysik. DM 12,80
72 M. Becke-Goehring/H. Hoffmann: Komplexchemie. DM 18,80
73 G. Pólya/G. Szegö: Aufgaben und Lehrsätze aus der Analysis I. DM 12,80
74 G. Pólya/G. Szegö: Aufgaben und Lehrsätze aus der Analysis II. 4. Auflage. DM 14,80
75 Technologie der Zukunft. Hrsg. von R. Jungk. DM 15,80
78 A. Heertje: Grundbegriffe der Volkswirtschaftslehre. DM 10,80
79 E. A. Kabat: Einführung in die Immunchemie und Immunologie. DM 18,80
80 F. L. Bauer/G. Goos: Informatik — Eine einführende Übersicht. Erster Teil. DM 9,80
81 K. Steinbuch: Automat und Mensch. 4. Auflage. DM 16,80
85 W. Hahn: Elektronik-Praktikum. DM 10,80
86 Selecta Mathematica III. Hrsg. von K. Jacobs. DM 12,80
87 H. Hermes: Aufzählbarkeit, Entscheidbarkeit, Berechenbarkeit. 2. Auflage. DM 14,80
90 A. Heertje: Grundbegriffe der Volkswirtschaftslehre II. DM 12,80
91 F. L. Bauer/G. Goos: Informatik — Eine einführende Übersicht. Zweiter Teil. DM 12,80
92 J. Schumann: Grundzüge der mikroökonomischen Theorie. DM 14,80
93 O. Komarnicki: Programmiermethodik. DM 14,80
99 P. Deussen: Halbgruppen und Automaten. DM 11,80
102 W. Franz: Quantentheorie. DM 19,80
103 K. Diederich/R. Remmert: Funktionentheorie I. DM 14,80
104 O. Madelung: Festkörpertheorie I. DM 14,80
105 J. Stoer: Einführung in die Numerische Mathematik I. DM 14,80
107 W. Klingenberg: Eine Vorlesung über Differentialgeometrie. In Vorbereitung
108 F. W. Schäfke/D. Schmidt: Gewöhnliche Differentialgleichungen. DM 14,80
109 O. Madelung: Festkörpertheorie II. DM 14,80
110 W. Walter: Gewöhnliche Differentialgleichungen. DM 14,80
114 J. Stoer/R. Bulirsch: Einführung in die Numerische Mathematik II. DM 14,80
117 M. J. Beckmann/H. P. Künzi: Mathematik für Ökonomen II. DM 12,80

Hochschultexte

Die ersten Bände der Sammlung Hochschultexte erschienen im Jahr 1970. Die Hochschultexte sind Lehrbücher für mittlere Semester. Jeder Band aus der Sammlung gibt eine solide Einführung in ein nicht nur für Spezialisten interessantes Fachgebiet.

Cremer, L.: Vorlesungen über Technische Akustik. DM 29,40
Gross, M./Lentin, A.: Mathematische Linguistik. DM 28,—
Hermes, H.: Introduction to Mathematical Logic. DM 28,—
Hinderer, K.: Grundbegriffe der Wahrscheinlichkeitstheorie. DM 19,80
Kreisel, G./Krivine, J. L.: Modelltheorie. DM 28,—
Leutzbach, W.: Einführung in die Theorie des Verkehrsflusses. DM 60,—
MacLane, S.: Kategorien. DM 34,–
Owen, G.: Spieltheorie. DM 28,—
Oxtoby, J. C.: Maß und Kategorie. DM 16,—
Preuss, G.: Allgemeine Topologie. DM 28,—
Richter, R./Schlieper, U./Friedmann, W.: Makroökonomik. DM 38,—
Rupprecht, W.: Netzwerksynthese. DM 39,60
Uhrig, R.: Elastostatik und Elastokinetik in Matrizenschreibweise. In Vorbereitung
Unbehauen, R.: Elektrische Netzwerke. DM 39,—
Werner, H.: Praktische Mathematik I. DM 14,—
Werner, H./Schaback, R.: Praktische Mathematik II. DM 19,80
Wolf, H.: Lineare Systeme und Netzwerke. DM 18,—

MIX
Papier aus verantwortungsvollen Quellen
Paper from responsible sources
FSC® C105338

If you have any concerns about our products,
you can contact us on
ProductSafety@springernature.com

In case Publisher is established outside the EU,
the EU authorized representative is:
Springer Nature Customer Service Center GmbH
Europaplatz 3, 69115 Heidelberg, Germany

Printed by Libri Plureos GmbH
in Hamburg, Germany